致密砂岩油藏渗吸特征及微观机制

程志林 著

中国石化出版社
·北京·

图书在版编目（CIP）数据

致密砂岩油藏渗吸特征及微观机制 / 程志林著 . —
北京 : 中国石化出版社 , 2023.5

ISBN 978-7-5114-7030-0

Ⅰ . ①致… Ⅱ . ①程… Ⅲ . ①致密砂岩—油藏—研究
Ⅳ . ① P618.130.2

中国国家版本馆 CIP 数据核字（2023）第 055624 号

中国石化出版社出版发行

地址：北京市东城区安定门外大街 58 号
邮编：100011　电话：(010)57512500
发行部电话：(010)57512575
http：// www. smopec-press. com
E-mail：press@sinopec. com
北京捷迅佳彩印刷有限公司印刷
全国各地新华书店经销

*

710×1000 毫米 16 开本 10.25 印张 162 千字
2023 年 4 月第 1 版　2023 年 4 月第 1 次印刷
定价：62.00 元

前言

preface

北美的页岩气革命给世界能源供给格局带来了深刻而长远的影响，突破了过去关于非常规油气藏无法有效开发的传统认知。致密油作为一种重要接替能源，是继页岩气之后的又一热点勘探领域。我国致密油储量丰富，在现有技术条件下展现了巨大的开发潜力，已成为油气勘探开发和增储上产的主体之一。然而，国内致密油藏多为陆相沉积，具有地层压力系数低、气油比偏低、原油流动性差、孔隙结构复杂和成藏地质环境复杂等特点，面临着产量递减快和采出程度低的难题。经过不断探索和开展攻关研究，发现水力压裂 + 注水吞吐能够实现致密油藏的有效动用，并且在国内多个区块取得了不错的效果，已逐渐成为致密油藏的主流开发方式。

油藏焖井吞吐期正是利用了致密储层微细孔喉所形成的强大毛管渗吸作用，因此随着致密油藏生产开发活动的不断深入，有关储层渗吸特征规律的研究也如雨后春笋般不断涌现。实际上，关于储层毛管渗吸的研究已有很长的历史，而有关致密油藏毛管渗吸的研究，也是在近几年才变得活跃起来。笔者自 2017 年开始专注于致密油藏自发渗吸这一研究主题，是国内较早开始从事该领域研究工作的学者。以鄂尔多斯盆地致密砂岩为主体，从明晰致密砂岩微观孔隙结构，到从岩心尺度探究致密砂岩在不同影响因素下的自发渗吸特征。考虑到致密岩石微纳米孔喉发育的特点，研究了流体在微纳米尺度条件下的流动传输行为，并进一步开展了孔隙尺度流体自发渗吸模拟，揭示了油水自发渗吸孔隙动用微观机理。经过近几年的持续研究，取得了一系列的成果。本书是笔者在对过去几年关于致密油储层渗吸研究所取得的成果进行整理和总结的基础上编撰的，主题部分来源于笔者博士求学期间形成的研究成果。

本书主要涉及致密储层微观孔隙结构表征技术、渗吸研究主流的实验方法和微纳米尺度流动模拟理论等，形成了较为完善的储层渗吸研究体系。本书适合油气田开发领域人员阅读，还可供土壤修复、水文地质和微流控等涉及多孔介质中流体流动问题研究领域的科研人员参考使用。

全书由西安石油大学石油工程学院的程志林编写。在编撰过程中，中国石油大学（北京）石油工程学院的宁正福和王庆老师对于本书的编写提出了很多宝贵的建议，并给予了大量帮助和支持。此外，本书研究成果的取得离不开国家自然基金委的资助，在此一并表示感谢。书中难免有不妥之处，敬请各位专家和读者给予指正，以便本书能够不断改进和完善。

目录

contents

第一章 绪论

随着勘探开发活动的不断深入和常规油气资源的逐渐衰竭，非常规油气资源在现有技术条件下展现了巨大的开发潜力，并受到了广泛的关注。例如北美地区爆发的“页岩气革命”，大大降低了美国对外能源的依存度，深刻地改变了世界能源供给格局。受此影响，页岩气的开采活动正在全世界范围内如火如荼地进行。国内虽然起步较晚，但目前也取得了一定的成就，页岩气的产量和市场规模在国家能源结构中的比重逐年攀升。我国致密油资源储量丰富，是继页岩气之后的又一热点勘探领域。致密油作为一种重要接替能源，已成为我国非常规石油开发中比较现实的领域之一。致密油是一种轻质油，以吸附或者游离态赋存于生油岩中，或者赋存于紧邻的纳米孔隙发育的致密砂岩、致密碳酸盐岩等储层中，是一种未经大规模长距离运移的石油聚集。致密储层物性差，可动流体饱和度低，存在不同的评价标准。一般认为致密岩石孔隙度低于 10%，覆压渗透率低于 0.1 mD。

致密储层喉道具有突出的微—纳米级孔喉系统，油气渗流运移困难。对于地层压力系数高的区块，依靠天然能量的衰竭式生产开发的采出程度一般低于 10%，且产量递减快速，采收率低的问题难以解决。以陆相致密砂岩油藏——鄂尔多斯盆地延长组为例，地层压力系数低，储层必须经过人工改造，提升泄油面积，才有希望实现工业化开采。通常情况下，增产措施包括酸化压裂、体积压裂、长水平井和多分支井等。一方面，通过大规模体积压裂对储层进行改造，不仅可以大幅度提高水平井井段内的动用储量，而且注入液还能有效地补充地层能量。然而，个别致密储层在形成裂缝系统之后，水驱开发时注入水容易沿裂缝快速突进，在生产井形成暴性水淹，基质孔隙中原油难以得到有效动用。鄂尔多斯盆地长 7 段致密油储层，采用体积压裂水平井吞吐开发取得了不错的效果，而其背后主要机理是利用了吞吐期流体的渗吸作用。其他相关学者也发现了致密储层焖井期之后产油量的大幅提高现象，其主要增产机理是流体通过毛管渗吸作用，对地层基质中剩余油的置换作用。此外，选择适当的关井时间也对产量有着重要的影响，这与储层流体渗吸程度息息相关。另一方面，大量压裂液注入地层后，返排率通常很低，对油气的运移产生了不利的影响。流体渗吸进入致密储层基质中可能是压裂液滞留的原因之一。综上所述，开展致密油储层中油水渗吸行为的研究，对于最大化发挥基质渗吸采油作用、提高采收率和油井工作制度设计有着重要意义。

油气藏在投产开发之前，明确储层岩石孔隙结构特征至关重要，直接决定了储层生产开发的方式。近年来，非常规储层孔隙结构表征是目前的热点研究领域，科研工作者针对不同富集地区的致密油储层岩石物性和孔隙结构开展了大量的实验研究，关于致密岩石的微纳米孔喉系统特征，已取得一定共识。但需要说明的是，不同地区致密油储集层成藏条件、油气富集机理不同，孔隙结构也不尽相同。因此在研究致密油砂岩储层渗吸特征机理之前，仍需厘清储层岩石孔喉系统和岩石矿物分布特征。

过去几十年来，储层自发渗吸的研究主要聚焦于常规油藏或者天然裂缝性油藏，对于渗吸机理和主要渗吸特征的研究取得了长足的进步。近年来逐渐兴起的非常规储层渗吸的研究，国内外学者也多有涉及，但由于致密岩石的特殊性，如孔隙结构复杂、成岩矿物复杂和润湿性复杂等特点，目前的研究仍处于起步阶段，开展致密油藏油水自发渗吸的研究具有重要的意义。此外，由于致密储集层富含纳米孔隙，流体运移困难，充注实验结果表明，无论是单相水还是油在岩心流动时都表现出了明显非达西渗流现象。此外，纳米尺度下孔隙巨大的比表面积使得流体与岩石壁面的各种微观作用力不可忽略，致密储层流体流动规律与常规低渗储层大为不同，传统的连续流体力学无法表征流体在纳米受限条件下的流动传输。因而在研究致密岩石渗吸特征之前，非常有必要先探究纳米多孔介质中单相液体流动规律。毫无疑问，开展流体在致密储层中运移规律的研究极具挑战。由于流体计量问题、黏土矿物造成的膨胀和不同润湿性矿物的分布，照搬常规储层的实验方法于非常规储层会产生较大的不确定性。作为常规实验方法的重要补充，孔隙尺度多相流体流动模拟不仅能够获得实验难以取得的参数和条件，而且能够帮助解释常规实验中异常数据出现的原因和更好地认识流体渗吸机理，为揭开致密储层开采的神秘面纱提供理论支撑。

本书综合应用物理实验和数值模拟方法，研究了致密油砂岩孔隙结构特点，探究了渗吸过程中致密砂岩的油水分布、滞留特征和不同影响因素对渗吸采收率与渗吸速度的影响。从微观模拟角度出发，阐述了单相液体在纳米孔隙中的流动规律和传输能力特征，揭示了孔隙尺度基质—裂缝系统油水自发渗吸运移规律。研究结果可为致密油砂岩渗吸标度模型的发展和注水吞吐开发提供重要的理论指导和科学依据。

第一节　致密储层孔隙结构特征

近年来成熟的低成本压裂技术在矿场的广泛应用，为单井无自然产能的致密油藏经济化开采提供了可能，同时也拓宽了非常规资源技术可采储量的范畴。准确认识致密油储层矿物组成和孔隙结构特征，能够为研究流体赋存、渗流机理，提高采收率和开展压裂作业提供重要的指导价值。

对于岩石微观结构的定量或定性表征，目前主流技术包括：扫描电子显微镜技术、聚焦离子束扫描电子显微镜技术、计算机断层扫描（Computer Tomography, CT）、高压压汞、恒速压汞、氮气吸附法、核磁共振（Nuclear Magnetic Resonance, NMR）和小角度中子散射等。非常规储层资源孔隙结构的评价范畴，包括页岩、煤岩和致密砂岩等。本书只涉及致密油砂岩结构特征的研究，对于其他非常规岩石的研究进展，在此不再赘述，读者可以参考相关综述文献。致密砂岩富含黏土矿物，为微纳米孔隙的发育提供了有利的场所，极大地降低了岩石的孔隙度和渗透率，形成了极为复杂的孔隙结构。具体地说，致密砂岩通常具有多尺度孔隙结构的特点，与单峰孔径分布的中高渗常规储层相比差异较大。典型的常规资源储层，主要孔径分布区间为几微米到几百微米，采用单一的手段如微米 CT 就可将其孔隙空间进行精确的刻画。相反，致密砂岩孔径一般小到几纳米，大到几十微米甚至几百微米，岩心内部纳米孔隙很明显无法由微米 CT 识别。

一般而言，每种表征手段均有其优缺点。扫描电镜技术已经被广泛用于多孔灰岩和细粒泥岩等的地质研究中，能够直接观察岩石中孔隙的形态和类型，却不能提供量化信息。CT 扫描技术虽然能够无损观察地质材料的三维结构信息，但分辨率有限，根据调研，目前 CT 技术分辨率不超过 50 nm。另一个缺点是，为了获取高分辨率的 CT 图像，需要采用足够小的样品，因此取样困难。与此同时，对于非均质严重的致密岩石，小的样品可能不具代表性。类似地，FIB-SEM 能够定量评价岩样三维纳米孔喉特征，但由于不是无损扫描技术，无法进行重复实验且价格昂贵。氮气吸附和小角度中子散射方法只能用来获取样品纳米孔隙信息。高压压汞法通过不断提高注入压力将汞泵入岩样，虽然能够获取材料微纳米孔喉分布信息，却无法区分孔隙和喉道。恒速压汞法能够分辨岩石孔隙和喉道信息，但由于其注入压力较小，无法识别小的孔隙。此外，核磁共振是一种快速且无损的表征技术，常用来评价岩石孔隙结构和其内部流体分布状态。然而关于如何精准确定核磁 T_2 谱与岩石孔径之间的转换系数，目前还未形成统一的认识。

综上所述，鉴于致密砂岩独特的孔隙结构，单独采用一种表征手段无法完成孔隙结构特征的评价工作。发展一种精确易行且能够甄别致密储层岩石全貌的多尺度表征手段至关重要。近年来，研究人员尝试采用多种技术手段相结合的方式来弥补单一技术的局限性。Zhao 等结合恒速压汞和高压压汞方法，识别了致密砂岩孔隙结构的全尺寸孔径分布，同时基于压汞数据修正了致密岩石的渗透率预测模型。Cao 等采用压汞和氮气吸附实验来探索致密砂岩复杂结构形成的主控因素，确立了氮气吸附滞回环在分析孔隙形状方面的优越性，认为黏土矿物中发育的晶间孔隙对岩石整体孔隙度贡献微小。在 Xiao 等的研究中，恒速压汞和核磁共振技术被用以获取致密砂岩的全尺寸孔喉分布。此外，Liu 等提出了一个多尺度的方法来研究孔隙的形状、大小和连通性。该方法包含了高分辨率的扫描电镜技术、较低分辨率的微米 CT 技术和核磁共振方法。主要发现是致密岩石的渗透率和电学性质更取决于岩石的孔隙结构，而与孔隙度关系不大。Gao 等最近结合恒速压汞、高压压汞和扫描电镜技术获取了岩石的孔隙和孔喉分布，将孔喉系统分为五类，并强调了孔喉系统对致密介质渗透率有着决定性作用。

第二节　致密油油水渗吸实验研究

非常规资源的开发离不开压裂技术的应用，大量的压裂液被注入地层，形成了复杂的裂缝网络，大大增加了油气流动的通道和基质——水的接触面积。一方面，压裂液在储层基质的渗吸作用对储层开采有着不可忽视的影响。例如页岩储层在经改造后需要先进行返排再进行投产，但返排率通常很低，对油气的运移产生了不利的影响。压裂液通过自发渗吸作用进入致密储层基质中可能是造成压裂液大量滞留的原因之一。另一方面，当压裂液渗入储层中后，基质中的油气会被置换至裂缝中，有利于生产井产能的提高。此外，现有的研究已经发现致密储层焖井期间产油量大幅提升的现象，自发渗吸已经被认为是致密储层资源开采中一种有效的 EOR 方法。

自发渗吸是非湿相流体依靠毛管力作用被湿相流体从基质置换出去的过程，长久以来被认为是低渗和天然裂缝性油藏重要的提高采收率的方法。根据基质中湿相和非湿相流体的流动方向，可以将渗吸分为正向渗吸（两种流体流动方向一致）和逆向渗吸（两种流体流动方向相反）。地下储层缝网系统中，岩石基质被压裂液包围，边界条件复杂，正、逆向渗吸都有可能发生。自发渗吸的影响因素取决于岩石和流体的性质，包括孔隙结构、岩样的形状和大小、边界条件、重力作用、流体黏度、初始含水饱和度与润湿性等。国内外多个课题组对常规亲水性油藏渗吸机理开展了大量的研究，取得的主要进展，可以参考 Morrow 等的综述文献。

边界条件对渗吸的影响一直是研究的热点，许多学者开展了边界条件对常规储层渗吸采收率影响的工作。Babadagli 和 Qaboos 获取了不同大小和形状的 Berea 砂岩，并测试了不同边界条件下标度模型的应用能力。Standnes 设计了全部开启（All Faces Open, AFO）、两端开启（Two Ends Open, TEO）、两端关闭（Two Ends Closed, TEC）和一端开启（One End Open, OEO）边界条件，系统地研究了边界条件和样品形状对正向和逆向渗吸的影响，发现标度模型不适用于不规则岩石，岩石与水接触面积对渗吸采收速度有着重要影响，但对最终采收率影响微小。Yildiz 等的岩心尺度渗吸实验得到了类似结论，不同边界条件下最终渗吸采收率差异不大，而渗吸特征尺寸与渗吸速度存在负相关关系。然而，研究人员最近发现在一维和多维正向渗吸条件下，采收率存在较大差异，说明边界条件不仅影响流体运移速度，而且也影响着最终渗吸采收率，这可能是多孔介质的各向异性造成的，使得毛管力曲线和相渗曲线等具有方向性。目前鲜有关于边界条件对非常规储层自发渗吸影响的研究，Lai 等探索了孔隙结构、润湿性、边界条件和温度对致密砂岩气水和油水渗吸系统的影响，发现边界条件对气水渗吸系统采收率几乎没有影响，但并未解释油水系统中不同边界条件下采收率差异的原因，这值得进一步研究。

润湿性是决定储层中流体运移和分布的关键因素，影响着所有 EOR 技术（如水驱、CO_2 驱和自发渗吸等）的最终实施效果。并非所有油藏都具有良好的亲水性，相反油藏在很大程度上可能会表现出弱水湿、混合润湿甚至油湿的特点，因此认识不同基质润湿条件下的毛管渗吸机理具有重要意义。过去对于强水湿储层岩石渗吸机理认识得较为全面，而对混合润湿及油湿条件下流体渗吸特征的认识还远远不够。非常规油气储层以页岩为例，其骨架既有有机质也有无机质矿物，有机质部分表现出疏水性而无机质部分表现为亲水性，因而往往呈现出混合润湿的特点。Dehghanpour 等通过一系列实验详细地研究了页岩气水和油气渗吸特点，发现黏土的吸水膨胀以及产生的诱导裂缝造成了过量吸水现象。此外，最近的证据显示 Montney 致密砂岩具有混合润湿性，渗吸过程中油在岩石壁面的强烈吸附性是由孔隙被大量沥青充填造成的，在油水同时存在的条件下，岩石更加亲水。添加表活剂是一种常见的岩石润湿性调控手段，Wang 等对 Bakken 页岩样品设计了润湿反转和自发渗吸实验，发现表活剂可以将岩心润湿性由油湿或中性润湿转变为水湿。相比盐水，添加表活剂后可以获得更大的渗吸采收率。为了挑选合适的表活剂，使得盐水可以渗吸进入初始油湿，选取渗透率为 0.01~0.1 mD 的致密砂岩样品，Kathel 和 Mohanty 基于自发渗吸实验，评价了几种阴离子和非离子型的性能，结果显示阴离子表活剂能够有效促进岩石表面发生润湿反转，并同时降低油水界面张力。一方面，表活剂可以改善岩石润湿性，利于渗吸；另一方面，当湿相和非湿相间的界面张力降低后，却又不利于渗吸。认知两者的耦合效应对于非常规储层渗吸的作用机理尤为重要。Alvarz 及其合作者，研究了润湿反转及界面张力降低的联合效应对于富含液态烃的非常规碳酸盐岩、硅酸岩和页岩岩样采收率的影响。采用的实验手段包括接触角、Zeta 电位（研究中一般用符号 ζ 表示）、界面张力和基于 CT 技术的自发渗吸测试。通过对比评价不同表活剂对于提高采收率的贡献，发现表活剂的选择取决于岩石的矿物组成，添加表活剂可以提高自发渗吸采收率，但润湿性改变和界面张力的降低对于提高渗吸采收率的作用机理依然不明。为了更加贴近真实储层条件，Jiang 等考虑了地层围压的影响，发现提高围压能够提高渗吸采收率。此外，引入有效孔径概念，提出了一个新的标度模型。在后续的工作中，考虑到渗吸发生时通常存在一定的外界压差，Xu 等研究了在 5 MPa 压力差下，致密岩心的渗吸特点。最近，Jing 等建立了机理渗吸数值模型，考虑了添加化学剂对渗吸的影响，强调了天然裂缝、岩块尺寸和油水界面张力对渗吸采收率的影响。

尽管近年来的实验和数值研究已经认识到自发渗吸对于致密储层提高采收率的重要性，但不同因素如何影响自发渗吸的最终效果，其机理依然不够明确。某种程度上，可能与常规储层有着很大的不同，需要进行详细的研究探索。例如，传统观点认为在保持实验多孔介质和流体一致的情况下，边界条件只影响渗吸的速度而不影响最终采收率。然而，最近，研究人员发现在不同的边界条件下，致密油砂岩最终采收率并不一致，对于其中的原因，却并未给出合理的解释。另一个重要的因素是流体重力作用，一般认为对裂缝性储层的正向渗吸影响不可忽略。致密基质孔径处于微纳米级别，理论上有着很高的毛管力。与之相比，重力作用可以忽略不计。然而随着渗吸过程的进行，当水相饱和度升高时，毛管力急剧下降，说明毛管力与重力之比并不是一个定值，此时重力的影响能否被忽略尚未可知。部分学者已经提及重力作用对于致密砂岩流体自发渗吸的贡献，但并没有足够的直接证据证明该观点。因此接下来的工作需要澄清致密储层渗吸过程中重力扮演的角色。

此外，天然岩石都存在一定程度的各向异性，与成岩条件有关。过去大部分的研究中岩心均沿着层理方向切割，而岩石渗吸速度和最终采收率可能与岩心切割方向息息相关。尽管已有关于水相和油相在层理明显发育的页岩样品渗吸行为的讨论，却鲜有类似关于致密油储层的研究。根据调研，只有 Xu 等研究了致密岩石层理面对自发渗吸的影响，但研究发现这是岩心 AFO 边界条件下两个样品的渗吸实验结果，孔隙结构各向异性的影响还需进一步深入研究。此外，随着储层自发渗吸的进行，储层温度和压力也会发生相应的变化，造成油相黏度的变化。油水黏度比极大地影响着毛管力和相渗曲线，是控制多孔介质渗吸速度和采收率的重要因素。尽管如此，油相黏度对致密储层渗吸特征的影响依然匮乏。

低场核磁共振技术已广泛应用于石油行业，如核磁共振录井、孔径分布特征和润湿性评价等。Odusina 等借助 NMR 技术研究了页岩的混合润湿性，采用 T_2 谱量化盐水的渗吸量，发现渗吸采油量受 TOC 含量、热成熟度和微裂缝的影响，其他学者也得到了类似的结论。Tinni 等评价了饱和盐水和含液态烃页岩样品的 T_2 谱分布，发现 T_2 谱中出现的双峰对应水湿孔隙和油湿孔隙。左侧短弛豫时间的水湿部分的谱线面积大于油湿部分，说明盐水可以进入整个孔隙空间，主要渗流通道由水湿孔隙控制。此外，精确地测量致密岩心渗吸过程中采油量也是一个重要问题。NMR 技术能够快速准确检测岩心不同阶段流体饱和度，目前在致密岩石渗吸研究中已经得到了大量的应用。Wang 等研究了四川盆地富有机质页岩渗吸油和水时的动态响应，证实了页岩的混合润湿性。饱和水样品的 T_2 谱线与孔隙类型、黏土矿物成分、黄铁矿和孔隙度等密切相关。NMR 方法也被用于检测非常规储层流体饱和度分布和驱替特征。Lin 等通过 NMR 实验研究了页岩样品渗吸过程中不同位置含水饱和度随时间的变化关系，定性地分析了渗吸前缘长度与黏土含量和矿化度的关系。Sun 等研究了动态渗吸条件下，致密油砂岩孔隙内油水运移特征。

综上，现有的致密储层渗吸实验研究大多借鉴常规储层研究的经验，而忽略了致密岩石多尺度孔隙结构的特殊性，获取的实验结果往往无法明确岩石内部各种不同孔隙系统的贡献。将岩石孔隙结构与自发渗吸实验相结合，能够帮助我们更好地认识致密岩样渗吸机理和特征。尽管目前已有大量关于岩石孔隙结构表征的研究，但明确致密岩石不同孔隙类型、成岩矿物组成和不同类型孔隙之间的沟通连接方式依然具有重要的意义。此外，多孔介质自发渗吸受多种因素的影响，准确认识渗吸机理极具挑战。尽管不同因素对常规储层岩石渗吸影响的研究已取得长足进步，但对于致密储层岩石渗吸行为的作用机理，目前认识得还不够深入。部分因素对渗吸的影响需要再认识，如边界条件的影响，近年来的研究表明边界条件不仅影响渗吸速度亦影响渗吸采收率。常规储层一般都呈现亲水性，渗吸机理相对易于理解，而与之不同的是致密岩石矿物的构成更加复杂，通常呈现弱亲水、混合润湿甚至油湿的特性，此时需要添加表活剂促进渗吸作用，但关于表活剂影响机理的研究依然存在不足。另外，流体重力作用、岩石非均质性的影响以及标度模型的应用性也值得进一步研究。

第三节　纳米孔隙尺度下液体单相流动传输研究

一般认为微米尺度以上的物理问题，均属于宏观范畴。在该尺度下，流体分子与固体壁面的作用力产生的各种界面现象可以忽略，因此多孔介质单相或多相流物理，均可采用经典无滑移边界的连续介质流体力学理论进行描述。致密储层广泛发育微纳米孔隙，具有复杂的多尺度孔隙结构，岩石物性差，呈现出极低渗透率和孔隙度的特征。尤其是页岩渗透率通常处于纳达西范围，主导孔隙为几纳米到几十纳米的微小孔隙，致密油砂岩中主导孔隙为亚微米孔隙（0.1~1 μm）。大量研究表明，流体在这类致密储层介质中的流动特征与常规储层存在大的差异。当孔径与流体分子大小相当时，流固作用力不可忽略，使得经典连续模型无法刻画纳米尺度下流体流动传输行为。自发渗吸是一种多相流现象，但目前关于单相流体在纳米尺度下的流动机理的认知尚未达成共识。因而在孔隙尺度研究致密储层流体渗吸特征之前，非常有必要开展单相液体流动规律的研究。

一、单相液体（水）在纳米孔隙中的流动研究现状

纳米尺度液体传输机理的研究手段主要包括实验、修正的连续模型和分子动力学模拟等。为了简化研究问题，学者们进行了液相流体在简单几何结构（如圆形孔、狭缝孔或者椭圆形孔）中的流动研究。根据扫描电镜实验结果，不同形状的纳米孔隙在致密岩石中广泛发育，因此开展流体在规则形状孔隙中流动行为的研究这一构思是合理的。

尽管目前已经广泛认识到纳米尺度下液体流动的重要性，却依然没有一个广适性传输理论适用于所有液体。为了刻画纳米尺度传输机理，众多学者采取实验和分子模拟的方法探究了水在规则孔隙中的流动规律。取得的主要共识为，相比传统无滑移流动模式，亲水纳米通道会使流体流速下降，而水在疏水孔隙中的传输规律则与之正好相反。Majumder 等开展了

水在由定向排列的碳纳米管组成的纳米薄膜中的流动实验，发现流动速度比泊肃叶模型预测值高 4~5 个数量级。类似地，Holt 等研究了水在直径小于 2 nm 的碳纳米管中的流动行为，发现流体传输能力能够增大 3 个数量级以上。分子模拟通常需要消耗大量计算资源，因而无法开展大尺寸系统的研究，但作为一种主流方法已经被广泛应用于液体在纳米通道的流动研究。Voronov 等研究了在 Couette 流动模式下，壁面化学性质、温度和剪切速率对 LJ 流体流动的影响。Thomas 课题组开展了一系列不同孔径（1.66~4.99 nm）碳纳米管中水传输规律的分子模拟研究，旨在揭示水传输能力增强的秘密。基于模拟数据，建立了水有效黏度与滑移长度和纳米管直径的关系，并将关系式耦合进连续模型以预测水在纳米管中的传输速度。通过与分子模拟结果进行比较，证实修正化的连续流动模型有着良好的应用能力。除此之外，Sendner 等系统地研究了水在非极性疏水纳米孔隙和极性亲水纳米孔隙中的水动力学行为以及孔隙壁面水分子结构特征。通过调节模拟参数，发现滑移长度取决于表面润湿性和界面耗散层厚度。Huang 等系统研究了界面水在不同疏水条件下的滑移行为，并提出了表征滑移长度与接触角的关系的准广适化模型。

基于实验和分子模拟获取的数据能够指导理论传输模型的建立，并同时提供可靠的基础数据。部分研究人员提出了不同的数学模型表征关键的传输机理，如有效黏度修正、界面流体黏度的变化和液体滑移长度模型。Javadpour 等采用原子力显微镜技术，测量了盐溶液在疏水基质片上的滑移长度，并将滑移长度输入统计模型中研究了页岩基质的表观渗透率。Wu 等考虑了水的有效黏度和滑移长度，通过拟合大量实验和分子模拟数据得到模型参数，提出了一个描述水在纳米孔隙流动传输的简单模型，揭示了水在亲水和疏水纳米孔隙中独特的传输机理。基于 Wu 等的模型，Wang 和 Cheng 最近提出了一个类双重介质模型，研究了水在混合润湿页岩中的流动特征，着重关注了润湿性、有机质含量和结构特征对页岩基质液体渗透率的影响。

实验手段虽然能够提供液体在受限条件下的流动数据，但通常成本高昂，流固作用强度的调节不够灵活。分子模拟技术可能是目前揭示水独特的传输机理的方法中最可行的，但计算资源消耗大，只限于小尺度系统。目前的理论模型都是基于规则几何而建立的，无法用于描述粗糙纳米孔隙和多孔介质中流体传输规律。因此考虑纳米尺度机理，发展一个计算效率高且能适用于多孔介质的数值方法是非常必要的。

格子 Boltzmann（Lattice Boltzmann Method, LBM）是一个基于动理学理论的介观计算流体动力学方法，起初发源于格子气自动机，后来 LBM 被证明是 Boltzmann 方程的一个近似解。通过 Chapman–Enskog 展开分析，LB 方程可以看作 Navier–Stokes（N–S）方程的一个二阶精度的求解器。与传统计算流体力学方法相比，LBM 具有几个优势：易于编程、非常适合复杂多孔介质、天然的并行性、较低的数值耗散和相界面追踪方便等。但 LBM 本质上是一个非稳态求解器，在某些情形下计算可能会更加耗时。此外，基础 LB 模型也难以处理高雷诺数和大密度比流动问题。尽管如此，LBM 在多孔介质多相流、非达西流动、微尺度气体流动、溶质传输和其他流动传输问题等领域已取得了巨大成功。然而目前关于纳米尺度液体传输的研究依然较少，大部分模型都聚焦于边界条件的处理上，提出了表观滑移和真实滑移等概念。表观滑移出现在流体界面处，来源于增大或减小的界面黏度。真实滑移（也称为分子滑移）则意味着流体分子可以直接在固体表面进行滑移。Zhu 等结合反弹边界和镜面反射边界条件（Bounce back and Specular Reflection, BSR）研究了单相液体在三维疏水通道中的滑移，然而模型中组合系数是经验化给定的。此外也采用多组分 Shan–Chen 模型解释了液体表观滑移流动机理。其他描述液体表观滑移流动的 LB 模拟主要通过 Shan-Chen 流固作用、平均场自由能模型和壁面衰减作用力等方法实施。除此之外，目前也存在针对纳米通道中液体真实滑移流动模拟的研究。Wang 等推导了单松弛 LB 模型中 BSR 格式组合系数与滑移长度的关系，通过模拟一系列基准问题，验证了其有效性。Yang 等进一步给出了离散扩散与镜面反射组合（Discrete full diffusive and Specular Reflection, DSR）和离散扩散与碰撞反弹组合（Discrete full diffusive and Bounce Back, DBB）两种格式组合系数与滑移长度的关系，并指出三种边界条件实际上是等价的。在进一步的研究中，Yang 等提出了一个改进液体滑移模型，避免了数值滑移和添加外力项而造成的质量泄漏。最近 Zhao 等考虑了水传输的纳米机理，提出了一个多松弛（Multiple Relaxation Time, MRT）LB 模型，研究了孔隙结构对水在纳米多孔介质流动特征的影响。然而模型中有效黏度概念对于不规则的基质是不适用的，采用的 BSR 边界条件在应用于复杂几何结构时实施困难。

二、单相盐水溶液在纳米孔隙介质流动研究现状

尽管已有大量关于水在纳米孔隙传输规律的研究，但大多数只考虑了纯水在受限条件下的流动行为。实际储层中地下流体都属于离子溶液。岩石表面通常携带正电荷或者负电荷，当与盐水溶液接触时，双电层结构会自发形成。在外界压力梯度的作用下，双电层结构内的净电荷随流体流动产生流动电流。随着离子在通道末端的积累，形成一个反方向的流动电位，阻碍了离子的进一步运移，对流动产生不利的影响，称为电黏性效应（ElectroViscous Effect, EVE）。电黏性效应可能会对溶液在纳米通道的传输产生重要的影响，尤其是富含纳米孔隙的非常规储层，不可随意忽略。

关于纳米孔隙离子溶液流动规律的研究，目前已取得一些进展。考虑化学平衡和双电层结构造成的离子浓度富集效应，Wang 等发展了求解偏微分方程的 LB 模拟框架，研究了通道大小、pH 值、离子浓度对二氧化硅纳米通道流动电势、电导率和流体电黏性黏度的影响。Chakraborty 和 Chatterjee 采用了相场模型捕捉了耗散层导致的溶液黏度和介电常数的变化，并研究了疏水性对纳米通道流动电势的影响。然而该模型求解复杂，不易实施。Banik 和 Ghosh 设计了流动实验测定盐度对溶液界面黏度的影响，强调了电黏性效应的影响。Jing 等将电黏性流动理论用于分形树状网络结构的优化设计。除此之外，研究人员也对纳米通道溶液传输特征进行了探索，作出的主要贡献包括：边界滑移长度与表面电荷关系的建立、双电层重叠时的电黏性效应、非牛顿流体和有效离子浓度的引入等。值得一提的是，

绝大多数的研究由于采用了连续模型，无法处理近壁面离子浓度的波动性，以及受壁面影响造成的黏度增大现象。过去的研究已经表明，受壁面带电性和离子聚集的影响，界面黏度会大于体相黏度，主要机理是反离子与带电壁面的静电吸引和溶液离子与周围水分子相互作用。本节只调研了亲水孔隙溶液传输的研究情况，而众所周知的是岩石表面润湿性与许多因素密切相关，如岩石表面电荷密度、离子类型和液体滑移长度等，溶液在不同润湿性纳米孔隙的流动传输行为值得未来进一步探索。

综上，从孔隙尺度探究多孔介质渗吸是对实验方法的重要补充，越来越受到学者们的青睐。流体在纳米尺度下会呈现出独特的流动传输行为。在研究两相流流体渗吸行为之前，有必要先从纳米受限条件下的单相液体水动力行为入手。目前大部分研究均采用实验或者分子动力学模拟研究水在理想孔隙形状下的传输行为，而关于水在纳米多孔介质流动行为的研究还比较缺乏。除此之外，考虑实际情况应关注离子溶液在纳米尺度的流动行为，而该方面的研究同样匮乏，亟待开展。

第四节　孔隙尺度下多相流渗吸模拟研究

针对中高渗透率的砂岩、粉岩和石英砂填充等，研究者开展了大量的室内实验，试图从岩心尺度认识流体渗吸机理与特征，获取了渗吸采出程度随时间变化的数据，用来对标度模型进行修正，取得了重要进展。然而岩心尺度获得的采收率大小是孔隙尺度流体动力学行为的综合响应，多孔介质流体运移孔隙尺度机理主要包括卡断、活塞前缘驱替、角隅流、联合孔隙填充、海因斯跳跃和油珠破裂等。从孔隙尺度出发，研究油水两相渗吸运移特征及机理，进一步认识储层岩石渗吸行为，能够为矿场优化提高采收率方案提供重要指导。

孔隙尺度流动事件显然无法由常规岩心实验获得，因此激发了研究人员采用微器件设备探究油水渗吸前缘和渗吸模式的研究。Rangel-German 和

Kovscek 设计了含有裂缝和基质的二维刻蚀模型来直接观察水在基质的渗吸现象，发现当孔隙吸水后，临近孔隙会立刻将非湿相排至裂缝。进一步发现了两种渗吸模式，分别为：①填充裂缝式：当水在裂缝中流速较慢或者为宽裂缝时，基质与裂缝传导作用相对较快，水在裂缝中的前缘推进是正向的；②快速填充裂缝式：对应于高裂缝流速或者狭窄裂缝时，基质与裂缝传导作用相对较慢，水的渗吸量与时间二次方根成正比，此时前缘推进为逆向渗吸。Hatiboglu 和 Babadagli 采用了玻璃珠堆叠的硅刻微流模型来模拟强水湿的基质—裂缝渗吸传导作用，并用高速摄像机捕捉了自发渗吸不同时刻的油水前缘位置。选取低黏煤油和高黏矿物油作为非湿相，去离子水作为湿相，通过将模型横置和竖置研究了重力对油水自发渗吸的影响。研究结果表明，在逆向渗吸中，煤油以指进形式突进，直至波及模型顶部，而侧向波及效率低；由于非湿相黏度的差异，高黏矿物油会使指进前缘受到抑制，前缘油水界面会倾向于横向发展，波及效率高。模型垂直放置时，流体重力作用对渗吸的影响更为明显。

除上述微流控实验外，还有直接从孔隙尺度观测流体渗吸的方法，目前更为流行的方式为孔隙尺度模拟。数值方法虽然会耗费比较大的计算资源，但由于其成本低，不仅能够更为直观地监测流体孔隙尺度行为，而且不受仪器的限制，可以模拟室内难以获取的实验条件参数。Hatiboglu 和 Babadagli 采用 Shan–Chen LBM 多相流模型，复现了其微流控油水渗吸实验中出现的指进现象，但由于该模型无法设定大的黏度比，因此适用范围较小。Gunde 等采用了颜色梯度（Color Gradient, CG）LB 模型研究了油水在二维颗粒填充模型中的流体运移规律，分析了正向和逆向渗吸油水相渗曲线在不同润湿性和界面张力条件下的变化规律。为了计算相渗，需获取不同饱和度下的毛管力大小。然而该参数无法直接获取，而是采用经验关系式得到。目前为止，尚未有可行的手段能够直接获取自发渗吸过程中的毛管力曲线和相渗曲线。近些年，基于商业软件 Comsol Multiphysics 内置的相场多相流模型，部分学者研究了裂缝宽度、裂缝注入流速、多孔介质内嵌颗粒形状、流体黏度比、界面张力和接触角对逆向渗吸过程中流体运移模式和渗吸采收效率的影响，发现了裂缝流速和黏度比与渗吸采收率大小的非单调性关系。Gu 等最近采用 CR–LB 模型研究了油水在双重介质模型不同条件下的渗吸行为，探索了不同影响因素对渗吸过程的影响，总结出渗吸过程中三种油相的流动形态（挤压状、喷射状和油滴状）。除此之外，Bakhshian 等获取了 Tuscaloosa 砂岩的高分辨率三维 CT 图像，在此基础上开展了盐水在饱和液态 CO_2 基质自发渗吸的孔隙尺度模拟研究，揭示了流体界面的动力学行为。

鉴于以微纳米孔隙为主导的致密岩样的复杂孔隙结构，许多影响渗吸的因素很难由实验方法控制。通过孔隙尺度模拟手段，探索制约渗吸采收率的主导因素，为最大限度发挥致密储层岩石渗吸采油提供理论依据格外重要。虽然目前已有关于多孔介质中流体自发渗吸的孔隙尺度研究，但渗吸作用影响因素众多，依然有许多问题未得到解决。例如根据理论分析，油水黏度比越高流体黏滞阻力越大，会越不利于渗吸，然而部分学者发现存在最有利黏度比产生最大渗吸采收率的情况。也有研究发现了油水界面张力的非单调影响，均与理论相左。此外，最近的研究发现采用表活剂能够改变岩石润湿性和油水界面张力以改善渗吸采收率，但在相似毛管作用下，采收率却差别巨大，该现象可以通过孔隙尺度模拟进行分析解释。

第二章

致密油砂岩孔隙结构特征研究

准确认识致密油储层孔隙结构对于开展油藏评价和提高渗透率的研究至关重要。本章结合不同物性表征技术，阐明了致密油砂岩孔隙类型、孔喉分布和孔隙连通性等结构特征，讨论了孔隙结构特征对岩石储容和渗透能力的影响。

第一节　实验细节

一、实验样品

延长组致密油藏是我国致密油藏勘探开发的核心区块，采用了该区域不同深度的 4 块岩心作为研究对象。样品被打磨成直径和长度分别约为 25 mm 和 50 mm 的圆柱状样品，使用甲苯溶剂进行萃取以除去残余油。所有样品在进行实验之前均放置于恒温箱（105℃）干燥 24 h。

表 2-1 列出了所有样品的基本物性参数，表中部分实验数据来源于 Zhao 等。采用的实验方法包括：孔渗联测、X 射线衍射（X-ray diffraction, XRD）、高压压汞、扫描电镜和微米 CT 技术。考虑到众多文献已经将这些实验技术广泛应用于岩样的物性测试，对于实验原理已有详细的介绍，故

在此只简要概述实验基本原理和操作方法。

表2-1　实验样品矿物成分及孔渗测试结果

样品	深度/m	孔隙度/%	渗透率/mD	矿物类型									
				石英/%	长石/%	方解石/%	白云石/%	黄铁矿/%	石膏/%	黏土/%	伊蒙混层/%	伊利石/%	绿泥石/%
YC5	1907	13.10	0.444	33.4	42.1	0.7	4.4	—	—	19.4	23	9	68
YC6	1822	12.90	0.386	30.2	41.0	7.9	3.9	0.3	0.4	16.3	26	5	69
T2	1595	6.98	0.053	36.4	35.2	4	—	—	—	24.4	20	9	71
Z211	1550	9.51	0.117	52.9	16.1	2.1	10.6	—	—	18.3	47	23	30

二、XRD 实验

XRD 衍射实验的基本原理是岩石矿物晶体都有着特殊光谱范围，其峰值强度与矿物含量成正比。每种矿物的含量可以定量地通过 K 值平均法得到。在测试中，样品被研磨成特定的颗粒尺寸，即小于 10 μm 的样品用于分析全岩含量，小于 2 μm 的样品用于确定黏度矿物的相对含量。本章采用 D/Max TTR Ⅲ X-ray 衍射仪定量获得岩心样品的矿物成分。

三、扫描电镜实验

扫描电子显微镜的基本原理是用高能电子束扫描样品，对获得的各种物理信号进行处理分析，转换成电信号，最终生成图像。系统一般由真空系统、电子光学系统和信号检测放大系统三部分组成。扫描电镜技术适用于观察平整试样的表面孔隙形貌和类型特征。实验中采用 200~1200 目的砂纸将样品打磨平整，并将样品切成面积约 1 cm^2，厚度约 1 mm 的薄片。清洗后进行烘干、抛光和喷金处理，最后将实验样品放置在真空环境下进行操作。实验设备为 Quanta 200F 场发射扫面电镜（FEI 公司），加速电压为 0.2~300 kV，放大倍数为 25~200000，分辨率最大为 1.2 nm。

四、高压压汞测试

样品被加工成长度约为 25 mm 的岩心柱用于高压压汞实验，仪器选用 AutoPore Ⅳ 9505 全自动压汞仪。实验最大注入压力不超过 200 MPa，进汞体积测量误差不大于 0.01 mL。在开展实验之前，样品需要在 105℃下进行干燥处理。实验中不断地将汞注入岩样以获取进汞曲线，直到达到最大注入压力。退汞曲线通过逐渐地降低进汞压力得到。岩石的孔喉分布曲线通过 Washburn 方程获取：

$$P_c = \frac{2\sigma\cos\theta}{r_t} \tag{2-1}$$

式中，P_c 为毛管力，MPa；σ 为界面张力，mN/m，取为 480 mN/m；θ 为接触角，(°)，取为 140°；r_t 为喉半径，μm。

五、微米 CT 实验和图像处理

岩石数字层析成像数据由 MicroXCT-200 高分辨率 CT 扫描仪获取。用以测试的样品被打磨成直径约为 2 mm 的岩心柱，设备工作条件为 80 kV 和 8 W 的照射源，每个岩心柱扫描时长约为 20 h，最终获取了 1968 nm × 2014 nm × 2000 nm 大小的三维图像，分辨率为 1 μm^3/ 体素。

首先对 CT 图像执行非局部均值过滤处理以消除噪声干扰，该算法内置于 Avizo 软件，比其他滤波算子更具鲁棒性，能够有效地保留图像中孔隙的轮廓边缘。典型的致密砂岩 CT 图像见图 2–1（a）和图 2–1（b），深颜色代表孔隙相，亮颜色代表矿物相。考虑到致密样品中大量纳米孔隙无法由微米 CT 技术识别，使得传统二值图像阈值分割方法不再适用。因此将所有的图像手动分割为三相，分别代表矿物骨架、较大的粒间孔隙（也称为宏观孔隙）以及黏土矿物相，详见图 2–1（c）。

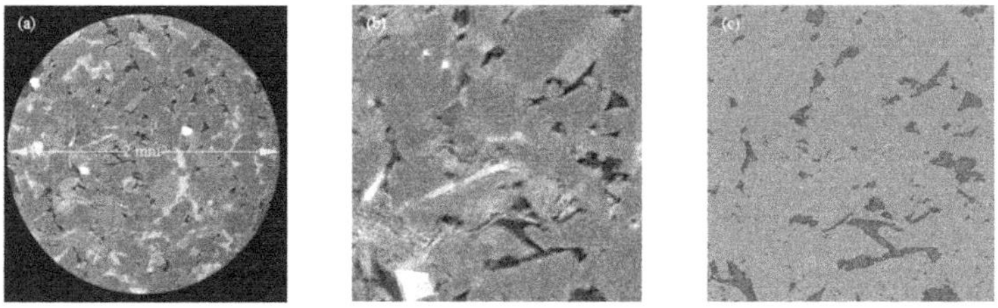

图 2–1　以 Z211 样品的 CT 图像为例，（a）为原始灰度图像；（b）为经降噪处理之后的图像（a）中虚线区域的局部放大图；（c）为经多重阈值分割之后的成像结果

岩石各相对应的阈值范围见表 2–2，表中同时也列出了每个样品的宏观孔隙度、总的孔隙度和实验测得的孔隙度。Avizo 软件用以可视化处理分割之后的三维图像。

表2–2　样品三维图像大小及各相灰度范围

CT 样品	大小 / 体素	灰度值			宏观孔隙度 /%	总孔隙度 /%	实测孔隙度 /%
		颗粒孔隙	黏土孔隙	岩石骨架			
YC5	600 × 600 × 600	0~65	66~103	104~255	4.07	12.34	13.10
YC6	600 × 600 × 600	0~85	86~108	109~255	5.57	11.81	12.90
T2	600 × 600 × 600	0~75	76~95	96~255	4.63	8.28	6.98
Z211	600 × 600 × 600	0~70	71~100	101~255	2.95	9.96	9.51

第二节　矿物成分和孔隙类型分析

所选样品均为灰色或暗灰色的细粒砂岩，由表 2–1 可以看出，样品主要由石英（30.2%~52.9%）、长石（16.1%~42.1%）和黏土（16.3%~24.4%）矿物组成，三类矿物比重超过 90%，较高的黏土矿物含量是致密砂岩的主要特征之一。主要的黏土矿物包括伊蒙混层、伊利石和绿泥石，其中以绿泥石为主导（除样品 Z211 外，平均占比接近 70%），普遍发育的绿泥石能够有效地保护原生粒间孔隙。

由图 2–2 的图像分析可知，致密砂岩中的孔隙类型多样，形态各异，大体上可以将其分为四类：残余粒间孔、溶蚀孔、黏土孔和微裂缝。残余粒间孔隙主要包括成岩过程之后的原生孔隙和一般覆盖有丝状伊利石和绿泥石的胶结孔隙。该类孔隙孔径一般较大，介于64~400 μm，但在致密砂岩中比较分散且稀少［见图2–2（a）和图2–2（b）］。溶蚀孔隙大多由骨架矿物（如石英、长石和方解石）的溶蚀作用形成，其中长石溶蚀孔隙的贡献最大［见图2–2（c）至图2–2（e）］。对于致密岩石，起主导作用的孔隙为广泛发育的黏土矿物纳米孔［见图2–2（f）至图2–2（h）］，孔径大小在112 nm到600 nm，也被称为亚微米孔隙（0.1~1 μm）。此外也发现了微裂缝的存在，通常伴随着脆性矿物，裂缝宽度一般处于微纳米级别［见图2–2（i）］。

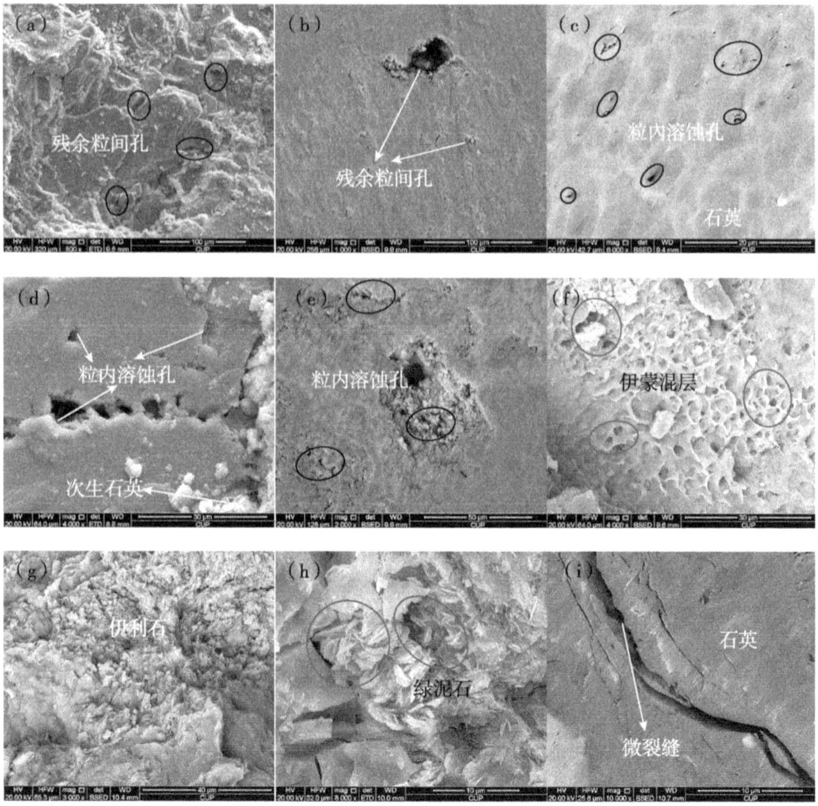

图2–2　致密砂岩孔隙类型

（a）和（b）代表残余粒间孔；（c）~（e）代表脆性矿物中的溶蚀孔隙；（f）~（h）代表黏土矿物中的纳米孔隙；（i）代表微裂缝

第三节 孔喉分布特征分析

高压压汞法用以获取致密砂岩的孔喉分布曲线。图 2–3 给出了 4 种样品的进汞和退汞曲线，可以看出最大进汞压力大于 80 MPa，对应着样品中的纳米孔隙。岩石越致密，进汞压力也越高，例如样品 T2 有着最低的渗透率和最高的汞入压力。所有样品平均进汞饱和度接近 80%，说明岩石内部依然有部分孔隙空间未被汞占据，可能是由死孔或者注入压力不够造成的。该现象进一步可以从进汞结束时刻曲线的斜率并不与纵轴垂直看出。除此之外，早期汞入阶段压力的快速升高通常是由小孔隙的遮蔽效应造成的，可能会导致较大的孔隙而无法被识别。尽管进汞饱和度较高，最大退汞饱和度却相对较小，说明岩样具有较大的孔喉比，使得大量汞滞留于岩石内部。

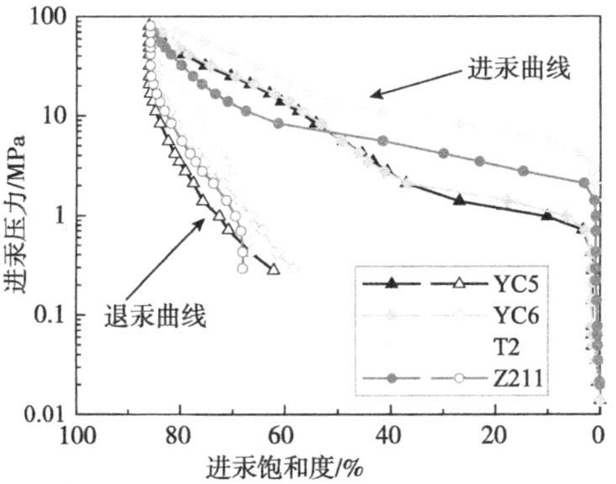

图 2–3 不同样品的进汞和退汞曲线

通过 Washburn 方程，压汞法获取的毛管压力曲线可以转换为相应的孔喉分布曲线，如图 2–4 所示。可以发现，致密砂岩呈现出多尺度孔隙结构的特征，孔喉半径分布范围为 9.2 nm~500 μm，其中主导孔喉半径分布范围为 0.04~0.3 μm。除 T_2 外，其他各岩样在亚微米范围内，均有大量的孔喉分布。

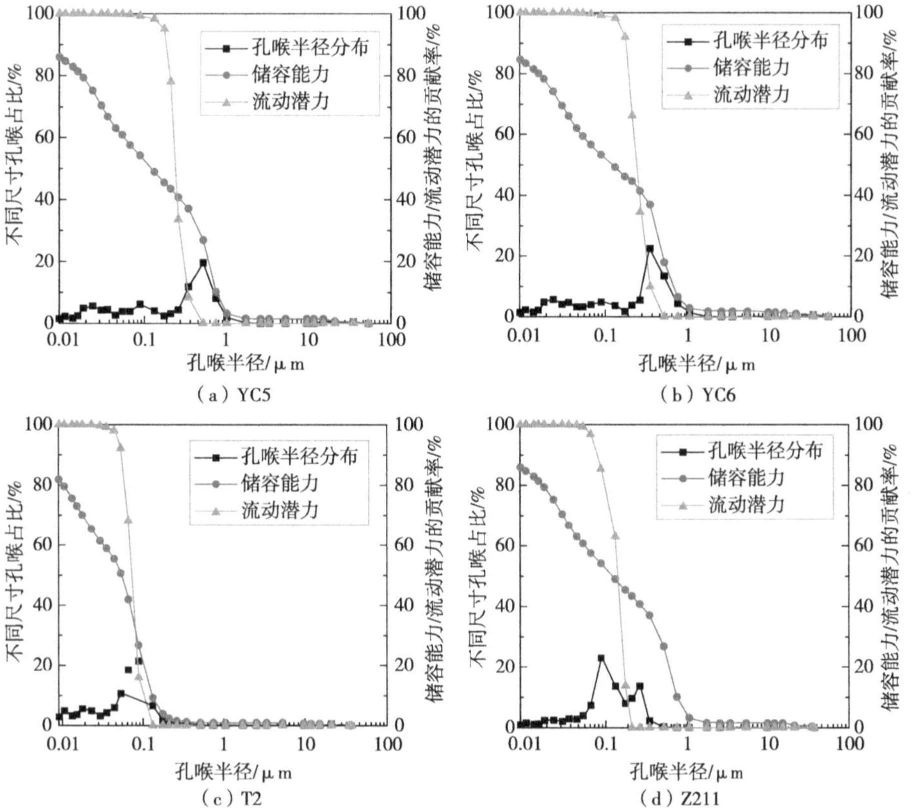

图 2-4　不同样品孔喉尺寸占比及不同尺寸孔喉对储容能力和流动潜力的贡献率

此外，通过压汞实验也可获得不同尺寸孔喉对于渗透率的贡献。采用渗透率贡献和进汞量的累计分布曲线评价了不同尺寸孔喉对岩石流体流动潜力和储容能力的贡献。当汞被强制注入岩心后，岩心流体流动潜力累计贡献曲线首先经历了一个平稳阶段，说明与该阶段对应的孔喉对于岩心流动的贡献几乎可以忽略，紧接着出现了一个快速上升期。不同样品累计进汞曲线呈现出不同的变化规律，早期曲线存在一个缓慢的上升阶段，亚微米孔喉占总孔隙体积的 15%~40%，对流动能力起决定性作用。尽管更小的孔喉（< 0.1 μm）对于岩石渗流能力的贡献微弱，但对岩石储容具有相当贡献，这与 Xi 等的发现一致。

第四节　孔隙连通性分析

岩心 CT 图像被分割为三相后，得到了宏观孔隙度和样品总孔隙度。由三维数字岩心计算得到的孔隙度与实测孔隙度相吻合，宏观孔隙度明显小于总孔隙度，这是由纳米孔隙不能被识别所致。

为了直观地认识致密岩石内部复杂的孔隙空间，以 YC5 样品为例，将图像经阈值分割处理之后的三维 CT 图像可视化于图 2–5，可以明显看出宏观粒间孔隙呈孤立形态分布［见图 2–5(b)］，这些孤立的孔隙很难形成有效的逾渗通道。而由图 2–5（c）可知，散布的孔隙簇可以通过未被识别的纳米孔隙进行连接，当将黏土相和孔隙相绘制在一起时，孔隙空间形成了明显的渗流路径，说明黏土矿物中的纳米孔隙是流体在致密砂岩中流动的主要通道。综上分析，宏观孔隙的孤立分布和对岩石渗流起决定性作用的亚微米孔喉的较小占比，最终导致了致密砂岩通常具有极低的渗透率。

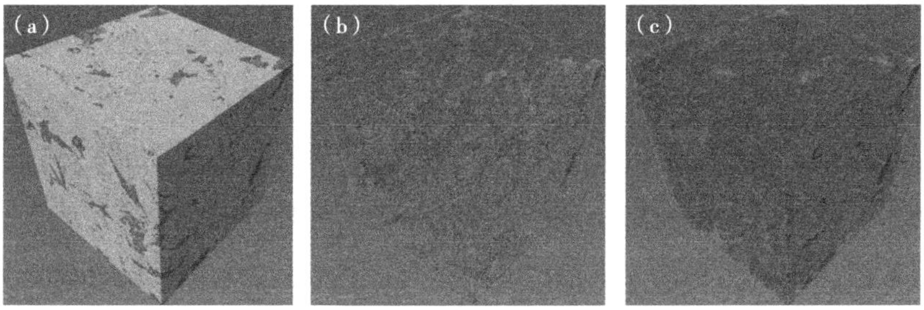

图 2–5　YC5 样品局部三维可视化图像

（a）代表粒间孔隙、黏土和骨架相；（b）代表粒间孔隙；（c）代表粒间孔隙和黏土矿物相

第三章

致密砂岩油水自发渗吸实验研究

第一节　NMR 技术原理

NMR 是致密油渗吸规律实验研究最重要的技术手段，首先对其基本理论和原理进行介绍。当饱和岩样（油或者水）放置于外加静磁场时，氢质子磁极矩将指向相同方向。宏观磁化矢量代表氢核磁矩，磁化矢量的信号强度与氢核的数目有关。横向弛豫时间 T_2 谱中，纵坐标信号幅度与 H 质子的数目成正比，同样也与流体的含量成正比，这是 NMR 用于分析渗吸采收率的理论基础。

当岩心内部同时含有油、水两种流体时，为了能够基于 T_2 谱计算出渗吸采出程度，需要屏蔽水中的氢信号，使岩心内部测得的氢信号都来自油相，这样 T_2 谱线与横坐标的包络面积就可反映对应时刻下岩石孔隙内的含油量。基于此，可以得到不同时刻岩心渗吸采收率。

$$E = \frac{S_0 - S_1}{S_0} \tag{3-1}$$

式中，E 为渗吸采出程度；S_0 为初始条件下 T_2 谱与横坐标轴所围面积；S_1 为不同渗吸时刻 T_2 谱与横坐标轴所围面积。

渗吸过程中 T_2 谱由低场中尺寸核磁共振分析仪获得，采用的脉冲序列为 Carr–Purcell–Meiboom–Gill (CPMG)。

第二节　横向弛豫时间 T_2 与岩石孔径换算

T_2 由体弛豫、表面弛豫和内部磁场梯度造成的扩散弛豫三部分组成，这一过程可以表示为，

$$\frac{1}{T_2}=\frac{1}{T_{2B}}+\frac{1}{T_{2S}}+\frac{1}{T_{2D}} \quad (3\text{–}2)$$

式中，T_2 为横向弛豫时间，ms；T_{2B} 为体弛豫时间，ms；T_{2S} 为表面弛豫时间，ms；T_{2D} 为扩散弛豫时间，ms。

一般通过调整磁场参数 $1/T_{2D}$，使扩散弛豫项变得很小，进而可以消除对 T_2 谱的影响。对于完全饱和油或者盐水的多孔介质，T_2 谱通常取决于流体分子与孔隙壁面的相互作用，微孔中的流体（流固作用强）或者流体有着很长的体弛豫时，体弛豫项 $1/T_{2B}$ 也可以忽略。在这种情形下，式（3–2）可以变形为，

$$\frac{1}{T_2}=\frac{1}{T_{2S}}=\rho\frac{S}{V} \quad (3\text{–}3)$$

式中，ρ 为换算系数，m/s。

式（3–3）说明针对单孔，T_2 弛豫时间与孔隙面积 / 体积比有关。换句话说，横向弛豫时间 T_2 反映了多孔岩石孔径分布信息。横向弛豫时间的长短反映了岩石孔隙大小，弛豫时间越长，孔径越大。

结合高压压汞和核磁共振数据，岩样的 T_2 谱可以转化为孔径分布信息。换算关系式主要包括线性和幂律型，这里采用幂律型对孔径分布进行换算。在 Ren 等的工作中，式（3–3）被改写为，

$$T_2=\frac{V}{\rho S}=\frac{r^n}{\rho F_s} \quad (3\text{–}4)$$

式中，F_s 为换算系数，m^{n-1}。

值得注意的是，式（3–4）反映了岩石孔隙半径分布，而压汞实验反映的是孔喉分布特征。孔径和孔喉可以通过孔喉比建立联系，即 $r=c_1r_t$。这样式（3–4）可以被进一步表示为，

$$T_2=\frac{V}{\rho S}=\frac{(c_1r_t)^n}{\rho F_s} \tag{3-5}$$

最终，式（3–5）被简化为，

$$r_t=CT_2^{1/n} \tag{3-6}$$

式中，C 为换算系数，$\mathrm{m/s^{1/n}}$。

当 n=1 时，C 代表线性关系式的转化系数，μm/ms。通过式（3–6），饱和流体岩样的 T_2 谱可以转化为相应的孔喉分布。

第三节　$MnCl_2$ 溶液—油体系下渗吸特征

一、实验细节

采用地下取心岩样开展渗吸实验时，首先需要进行洗油处理，然后再进行油驱水以构造饱和岩心，这样的处理可能会改变岩石润湿性。为消除该影响，采用来自鄂尔多斯盆地长 8 组储层的露头岩心进行渗吸实验，这与第二章中的储层岩心是不同的。由于样品均为露头岩样，故未进行洗油处理，因此很好地保持了岩石初始润湿性。从露头岩块上钻取并打磨加工成直径约 25 mm、长度约 50 mm 的圆柱体。

利用气测法测量岩心孔隙度，通过压力脉冲衰减法得到渗透率，基本物性数据见表 3–1，表中 N_B^{-1} 为邦德数倒数，下端关闭边界条件为 LEC（Lower End Closed），三种表活剂分别为 SDS（Sodium Dodecyl Sulfate）、AES（Alcohol Ether Sulphate）和 APG（Alkyl Polyglycoside）。

表3-1　实验样品及流体基本物性特征

样品	非湿相	湿相	长度 /cm	直径 /cm	孔隙度 /%	渗透率 /mD	边界条件	N_B^{-1}
L2	白油	$MnCl_2$	5.08	2.52	12.55	0.50	AFO	624.9
L4	白油	$MnCl_2$	5.08	2.53	12.24	0.37	LEC	717.9
L5	白油	$MnCl_2$	5.09	2.56	12.23	0.50	TEO	615.4
L11	白油	$MnCl_2$	5.04	2.54	12.01	0.45	TEC	649.1
L6	白油	$MnCl_2$+SDS	5.04	2.53	12.25	0.47	AFO	274.3
L7	白油	$MnCl_2$+APG	5.07	2.55	11.90	0.56	AFO	89.6
L8	白油	$MnCl_2$+AES	5.09	2.53	11.96	0.48	AFO	269.1

XRD 实验用来分析岩石矿物成分及相对含量，结果见表 3–2。可以发现致密砂岩骨架矿物成分以石英和长石为主（总量达 66.2%）。黏土矿物含有大量高岭石、少量的伊利石和伊蒙混层，而第二章中储层岩心的主要黏土矿物为绿泥石，体现了致密砂岩的非均质性。国内外研究学者报道岩石吸水能力与黏土含量具有正相关关系，而对水化膨胀起主导作用的黏土类型为蒙脱石和伊蒙混层。实验采用的致密砂岩黏土矿物以高岭石为主，属于非膨胀型矿物且不易水化，对渗吸的影响较小。

表3-2　XRD矿物分析结果

样品	相对丰度 /%			矿物类型和含量 /%				
	伊蒙混层	伊利石	高岭石	黏土	长石	绿泥石	方解石	石英
L	9	15	76	19.5	26.9	10.7	3.6	39.3

在 NMR 实验中只需要获取油中的氢信号，因此配置了质量分数为 40% 的 $MnCl_2$ 溶液作为湿相流体以屏蔽水中的氢信号，测得其溶液密度为 1.32 g/mL，黏度为 2.47 mPa · s。此外，由于矿物油的可重复性和化学稳定性，研究人员通常选择矿物油作为非湿相流体用于渗吸实验中。本章选用白油作为非湿相流体，主要性质：密度为 0.85 g/mL，黏度为 7.97 mPa · s（常温常压条件下）。表活剂能够通过改善岩石润湿性和流体界面张力，促进渗吸作用，选用了 3 种 0.5% wt 的 SDS、APG 和 AES 表活剂溶液。此外，利用聚四氟乙烯分散液以构造不同渗吸边界。

渗吸详细实验操作步骤如下：

（1）在恒温条件下分别对岩心进行 48 h 的饱和油操作，足以使压力保持稳定，样品充分饱和。

（2）采用分散液分别构造 AFO、LEC、TEO 和 TEC 边界条件。

（3）记录各岩样初始状态 T_2 谱和对应的 MRI（Magnetic Resonance Imaging）图像。

（4）将岩心完全浸没于 $MnCl_2$ 溶液，油相会通过渗吸作用逐渐从岩样中被置换出来。在设定时刻，擦拭干净样品放入 NMR 测试仪器中，记录 T_2 谱和 MRI 图像，之后迅速放回渗吸容器中，直至完成全部测试点。

二、边界条件的影响

以表面弛豫为主导的 T_2 谱不仅能够用以表征岩石孔径分布，而且也能反映样品内不同类型孔隙剩余油的分布。图 3–1 显示不同边界条件不同渗吸阶段 4 个样品 T_2 谱分布。T_2 弛豫时间分布区间为 0.01 ~1000 ms，间接证实了致密砂岩的多尺度孔隙结构。所有样品初始 T_2 谱线有着相似的形状，呈现 3 个波峰［见图 3–1（b）］，左峰大体上位于 0.01~8 ms，约占总峰面积的 67%；中峰位于 10~200 ms，约占 33%；右峰极不明显，基本上可以忽略。

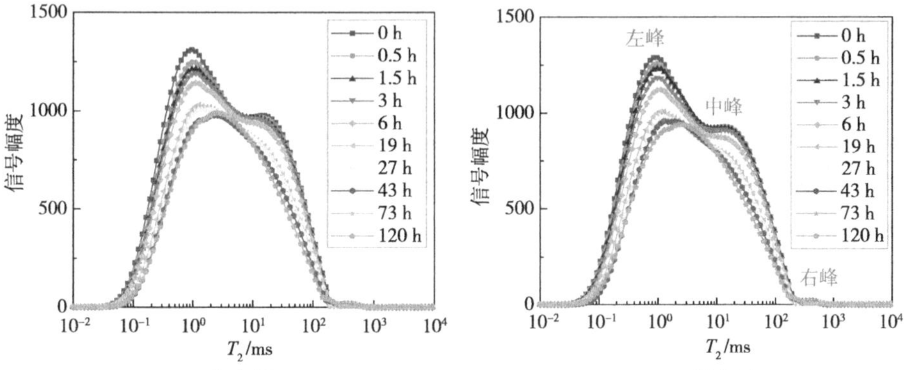

（a）L2　　（b）L4

图 3–1　样品不同渗吸时间 T_2 谱的变化趋势

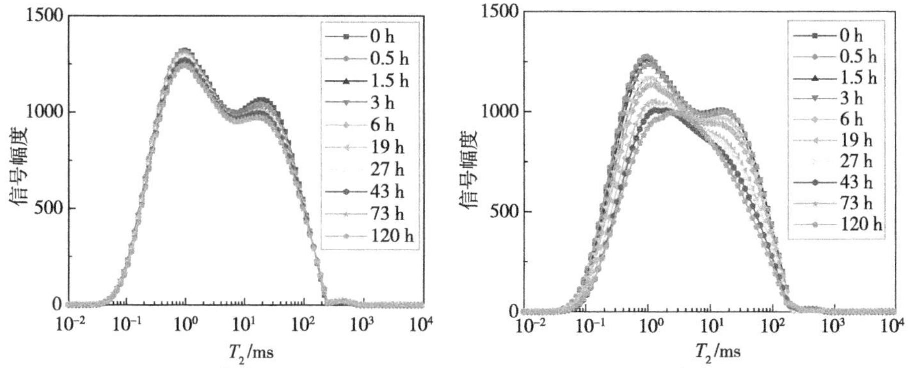

（c）L5　　（d）L11

图 3-1　样品不同渗吸时间 T_2 谱的变化趋势（续）

毛管力大小本质上与流体类型和多孔介质孔隙结构有关。岩石孔径越小，毛管力越强。因此理论上湿相水会优先渗吸进入较小的孔隙。然而，Yang 等认为受粗糙壁面、水膜、边界层和孔隙连通性差等因素的影响，较小的孔隙有着更高的摩擦阻力，渗吸的效率取决于有效毛管力的大小。从图 3-1 可以看出，较小孔隙（短弛豫孔隙）中油相动用程度较高，对渗吸采收率贡献较大，侧面说明较小孔隙中阻力作用较弱，对毛管力影响不大。随着渗吸不断进行，T_2 谱中峰下降缓慢，19 h 后甚至不再发生变化，至渗吸结束最终演化为单峰分布［见图 3-1（a）］。渗吸初期，由于只有小部分水相渗吸进入岩石，因而两相黏滞力较小，渗吸速度较快。随着侵入的湿相流体越来越多，造成黏滞阻力的增大和油相流度的降低，渗吸速率显著降低。由图 3-1 中不同样品 T_2 谱的变化特征可知，边界条件对于油水运移特征及最终采收率有着重要的影响，故绘制了不同边界条件下样品渗吸采收率随时间的变化曲线，见图 3-2。

从图 3-2 可以发现所有样品在早期阶段渗吸速度最快，约经历 16 h，采油量占总渗吸采出程度的 70%。相比其他样品，L5（TEO）依靠毛管渗吸作用采油量最少（不足 7%）。样品 L2（AFO）采收率最高，达到 31%，其次是样品 L4（LEC）和 L11（TEC），然而三者渗吸采收率差异不大。从图 3-1（c）

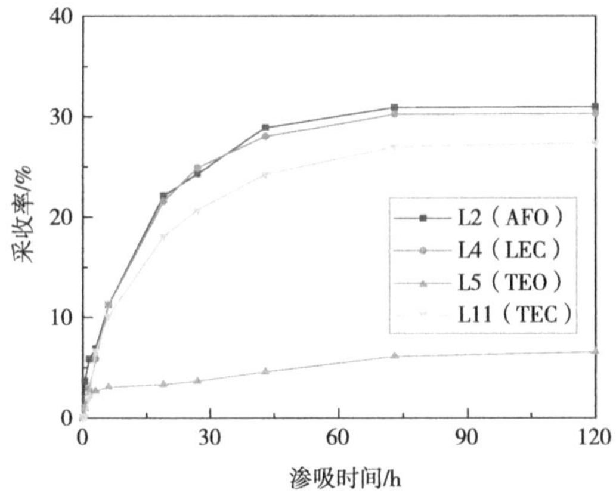

图 3–2　不同边界条件下采收率与时间的关系

的 T_2 谱线可知，在 TEO 边界条件下，大量油相滞留在岩石孔隙中，主要原因是岩心侧面是自发渗吸流体运移的主要通道，端面对最终采收率贡献微小（见表 3–3）。过去的研究结果发现边界条件对最终渗吸采收率影响不大，而近年来研究人员发现边界条件不仅影响渗吸采油的速度，对采收率也有重要的影响，却没有给出合理的解释。本节得到了与之相类似的结论，从图 3–2 可以明显看出，样品 L5 渗吸速度和最终采收率均低于其他样品，这可能是岩石的非均质性导致岩石相对渗透率和毛管力曲线存在明显的方向性，造成了不同边界条件下采收率的差异。具体而言，不同边界条件对应着不同的渗吸模式，即 AFO 边界条件为三维径向流和线性流，TEO 边界条件为一维线性流，TEC 边界条件为二维径向流，LEC 边界条件为三维径向流和线性流。考虑到致密岩石孔隙结构复杂且非均质性强的特点，轴向上岩石物性可能差于径向方向。与此同时，由于样品 L5 渗吸过程只存在一维线性流，而其他条件以径向流为主，造成样品 L5 渗吸采收率远低于其他条件。部分学者的正向渗吸实验得到了类似的结论。尽管如此，不同方向岩石物性的差异假设还需经进一步研究证实。

表3-3　不同阶段不同边界条件下岩心内部含油分布

边界条件	渗吸时间		
	0 h	43 h	120 h
TEO	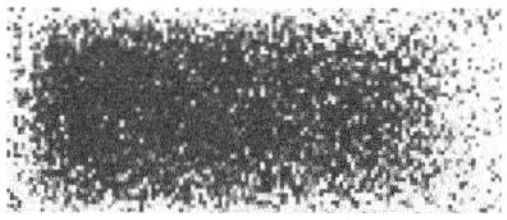	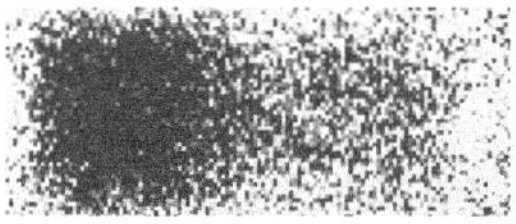	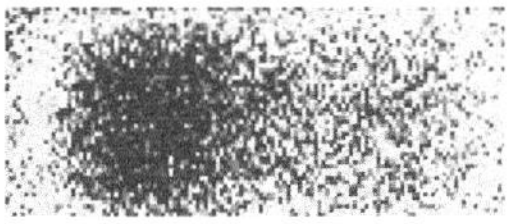
TEC	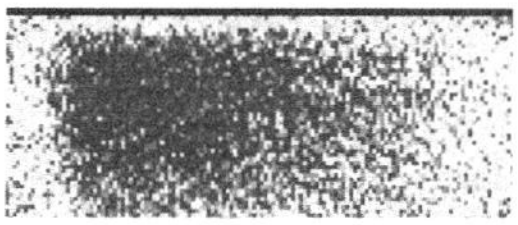		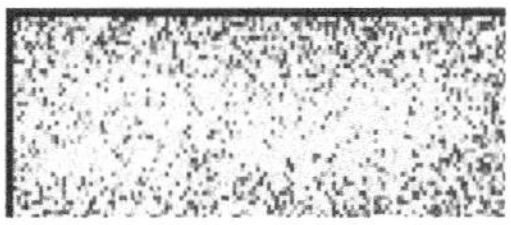
AFO	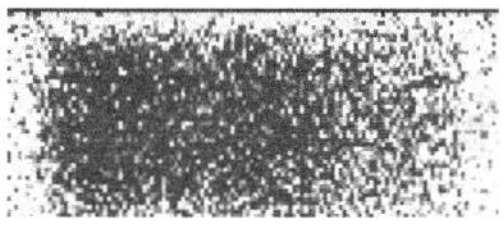		
LEC	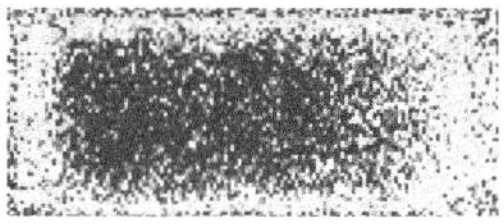		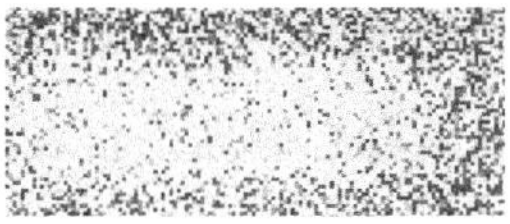

绘制了 3 个特定渗吸时刻不同边界条件下岩心油水分布 MRI 图像于表 3–3，其中深颜色代表油相，而亮颜色表示湿相溶液。初始时刻，样品周围亮颜色部分可能是由信号噪声引起的。可以明显看出，TEO 边界条件下油相饱和度的变化只出现在岩心端部，这是岩石侧面被封堵使得大量油相滞留造成的。然而，岩心两端含油量并不呈对称分布，该现象与经典渗吸理论相悖。传统观点认为岩心中部为不渗流边界，岩心中油相将依靠毛管力作用均匀地从两端驱替出来。Meng 等认为两端面毛管回压的不同将导致非对称采油的发生，毛管回压的大小与岩石开面的孔径大小有关，岩石两端面的孔径分布可能存在差异。此外，由于渗吸实验中样品竖直放置，对于岩石上端，重力为驱动力，有助于水进入岩石内部；而对于下端，重力则为阻力。尽管理论上致密特低渗储层流体重力作用可能远小于毛管力，但重力可能是造成样品两端非对称采油的另一个原因。对于 TEC 边界条件，油相可以通过渗吸作用均匀地由岩石侧面排出孔隙。LEC 和 AFO 边界条件与 TEC 条件相比分别增开了一个端面和整个侧面，因此有着更高的渗吸速

度和采收率。

三、表活剂的影响

致密砂岩具有低孔低渗的特点，渗吸采收率通常很低，大量的油滞留在孔隙中。上述研究中 AFO 边界条件的样品 L2 采收率不超过 31%，因此需采取一定措施增加可动油的比例来改善致密砂岩渗吸效果。常用方法是添加表活剂以改变岩石润湿性，使岩石表面由油湿或者弱水湿向水湿转化。同时，表面活性剂可以极大地降低油水界面张力，增加油相的变形能力，提高剩余油波及效率。

表活剂能否奏效取决于表活剂的类型和岩石矿物的组成。为了评价表活剂对致密样品油水渗吸的影响，选用非离子型（APG）和阴离子型（AES 和 SDS）开展渗吸实验。需要说明的是，本节的主要目的是考察不同表活剂对于自发渗吸的作用效果，暂不涉及表活剂浓度的影响。分别添加 3 种 0.5 wt% 的表活剂至 $MnCl_2$ 溶液进行渗吸实验，结果见图 3–3。

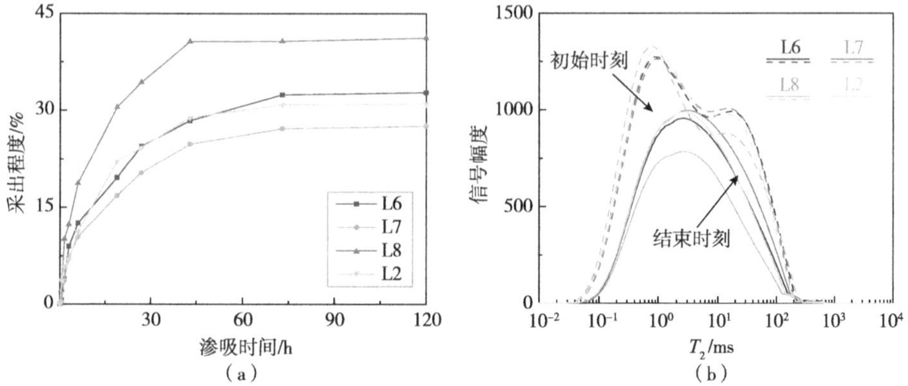

图 3–3 （a）添加表活剂与不添加表活剂的情形下，渗吸采收率随时间变化曲线；（b）添加表活剂与不添加表活剂的情形下，渗吸初始时刻与结束时刻 T_2 谱分布

样品均采用 AFO 边界条件，样品 L2 作为对比参照。由图 3–3（a）可知，添加 AES 后的采收率提高最为明显（提高幅度可达 33%）。样品 L6

（添加 SDS）采收率相对样品 L2 有小幅度提升（不到 2%），而样品 L7 反而出现了采收率的下降。这些现象可以进一步通过图 3–3（b）中不同样品初始时刻和渗吸结束时的 T_2 谱体现。很明显渗吸结束时样品 L8 包络面积最小，对应着最高的采收率。样品 L7 渗吸结束时 T_2 谱面积大于样品 L2，说明了样品 L7 中更大比例的油被捕集滞留于孔隙中。AES 能够提高整个岩石内部孔隙系统剩余油的动用程度，弛豫时间为 1~10 ms 的中等大小孔隙的渗吸贡献最大。表活剂将油水界面张力降低后，油滴更容易变形，有利于在孔隙通道中渗流。添加 SDS 后，1~10 ms 的中等孔隙动用程度不如添加 AES 提高得明显，其渗吸采收率的提高主要来自弛豫时间小于 1 ms 和大于 10 ms 的孔隙的贡献。

不同表活剂对自发渗吸效率的改善能力，可以进一步通过表 3–4 列出的润湿性和界面张力的变化进行说明。表中 $\sigma\cdot\cos\theta$ 反映了毛管力的作用强度，接触角（采用座滴法）和界面张力的测量（采用悬滴法）由 POWEREACH 测量仪完成。尽管 APG 能够改善岩石表面润湿性，并降低界面张力。然而当油水界面张力降到较低水平时，对自发渗吸反而带来不利影响，这是由于自发渗吸动力为毛管力，维持较大毛管力对于充分发挥渗吸采油作用是非常必要的。进一步发现添加 AES 后，$\sigma\cdot\cos\theta$ 值最大，因此有着最大的渗吸采收率。添加 APG 后，该值小于不添加表活剂的情况，说明毛管渗吸能力减弱，造成采收率的下降。一个有趣的发现是样品 L2、样品 L6 和样品 L8，三者 $\sigma\cdot\cos\theta$ 值接近，但采收率却大不相同。虽然样品 L6 值小于样品 L2，但采收率依然有小幅度的提高，该结果可以通过图 3–3（b）所示的 T_2 谱线进行解释：初始时刻样品的 T_2 谱可以用来反映岩石孔隙结构特征，样品 L2、样品 L6 和样品 L7 具有几乎完全一致的孔隙结构，因此 $\sigma\cdot\cos\theta$ 值越高，采收率也越高。而与之不同的是样品 L8 中小于 2 ms 的微小孔隙所占比例明显高于其他样品，因而也对应着更强的毛管渗吸能力。

表3-4 接触角和油水界面张力测试

样品	非湿相	湿相	$\theta/(°)$	$\sigma/$(mN/m)	$\sigma \cdot \cos\theta$
L2	白油	$MnCl_2$	73.0	22.9	6.70
L6	白油	$MnCl_2$ + SDS	48.7	9.8	6.47
L7	白油	$MnCl_2$ + APG	28.1	3.6	3.18
L8	白油	$MnCl_2$ + AES	46.2	10.0	6.92

四、渗吸数据的标度分析

由以上分析可知，岩石渗吸采收率与多种影响因素有关。标度模型考虑了不同参数的影响，用以分析渗吸采油数据，对于油藏渗吸速度和产油量的预测有着重要的意义。过去几十年基于毛管扩散方程和达西定律，许多学者建立和修正了相应的无因次标度模型。其中最早的标度模型由 Mattax 和 Kyte 提出，该模型有着严格的限制条件，适用性较差。Ma 等考虑了不同边界条件下的特征长度和非湿相黏度的影响，得到了修正标度模型，见式（3-7）。Mason 等认为当非湿相黏度远大于湿相黏度时，Ma 等的模型将无法体现湿相黏度的影响，因而提出了新的标度模型，并采用大量实验数据对模型进行了验证。Schmid 和 Geiger 发展了广适性的标度模型，考虑了所有两相流参数，能够用来研究水湿和混合润湿性油藏渗吸特征。紧接着基于 Schmid 和 Geiger 的工作，Mirzaei-Paiaman 和 Masihi 考虑到标度模型与矿场实际的一致性，发展了新的标度模型，适用于正向和逆向渗吸的水湿油藏。然而上述模型相对复杂，需要迭代求解。此外模型还需要获取相渗曲线和毛管力曲线，致密储层岩石难以通过实验获取这些参数，因而这里采用公式对渗吸数据进行标度分析。

$$t_{D,MK} = \sqrt{\frac{K}{\phi}}\frac{\sigma}{\mu_w}\frac{1}{L^2}t \tag{3-7}$$

$$t_{D,MZM} = \sqrt{\frac{K}{\phi}}\frac{\sigma}{\sqrt{\mu_w \mu_{nw}}}\frac{1}{L_c^2}t \tag{3-8}$$

$$L_c^2=\frac{V_b}{\sum_{i=1}^{n}\frac{A_i}{l_i}} \tag{3-9}$$

$$t_{D,\,MFMR}=\frac{2}{L_c^2}\sqrt{\frac{K}{\phi}}\frac{\sigma}{\mu_w+\sqrt{\mu_w\mu_{nw}}}t \tag{3-10}$$

式中，$t_{D,\,MK}$为无量纲标度时间；$t_{D,\,MZM}$为无量纲标度时间；$t_{D,\,MFMR}$为无量纲标度时间；σ为油水界面张力，mN/m；L为样品高度，m；ϕ为岩样孔隙度；K为渗透率，m^2；μ_w为湿相流体黏度，mPa·s；μ_{nw}为非湿相流体黏度，mPa·s；t为时间，s；L_c为特征长度，m；V_b为岩样体积，m^3；A_i为第i个渗吸面的面积，m^2；l_i为第i个渗吸面到不流动边界的距离，m。

以上各标度模型均未考虑流体重力作用对自发渗吸的影响。重力作用是否可以忽略，一般由 Schechter 等提出的邦德数的倒数进行判别，该无量纲数衡量了毛管力与重力之比，公式为：

$$N_B^{-1}=C\frac{\sigma\sqrt{\phi/K}}{\Delta\rho gL} \tag{3-11}$$

式中，C为常数，取为 0.4；$\Delta\rho$为湿相与非湿相流体密度差，kg/m^3；g为重力加速度，m/s^2。

当N_B^{-1}值远大于 5 时，毛管力对渗吸起主要作用，重力作用可以忽略；而当N_B^{-1}远小于 1 时，需要考虑重力作用。从表 3–1 的计算结果来看，不同样品其N_B^{-1}均大于 5，可以忽略重力的影响，采用标度模型［即式（3–10）］是合理的。

首先绘制了未进行标度处理的岩样渗吸采收率随时间变化的曲线，见图 3–4。其次，将岩石与流体基本参数（见表 3–1 和表 3–4）代入标度模型进行无量纲化处理，得到不同样品采收率（见图 3–5）和无量纲采收率（采出量与总可采油量之比，见图 3–6）随无量纲时间变化的关系曲线。图 3–4 直观显示了在不同边界条件和添加表活剂的情形下，岩石渗吸采收率随时间变化的数据点整体离散，尤其是样品 L5 和样品 L8。图 3–5 和图 3–6 的标度结果表明数据的离散性得到了些微改观，各条曲线趋向于单一曲线，但整体标度结果仍不理想。样品 L5 出现的偏离可能与 TEO 边界条件特征长度的计算有关。一般认为 TEO 边界岩心中部不渗流，两端均匀采油，基于此可以得到其渗吸特征长度。然而表 3–3 样品 MRI 图像表明岩心两端含油量存在较大差异，上端含油饱和度小于下端，这说明特征长度的计算是有问题的。另外，岩石物性参数如渗透率和相对渗透率的方向性也可能使 TEO 边界下渗吸规律不同于其他边界条件，进而使得标度数据出现较大的偏离。添加表活剂样品（样品 L6、样品 L7 和样品 L8）的渗吸曲线也显著偏离未添加表活剂样品，这可能是由于使用的标度模型是针对亲水且具有相似润湿性的油藏建立，而本章所用致密岩心初始状态为弱亲水，添加表活剂后，岩石润湿性由弱亲水转变为亲水。文中所用标度模型并未有表征润湿性改变的参数，因而无法捕捉润湿性改变对自发渗吸的影响机理。

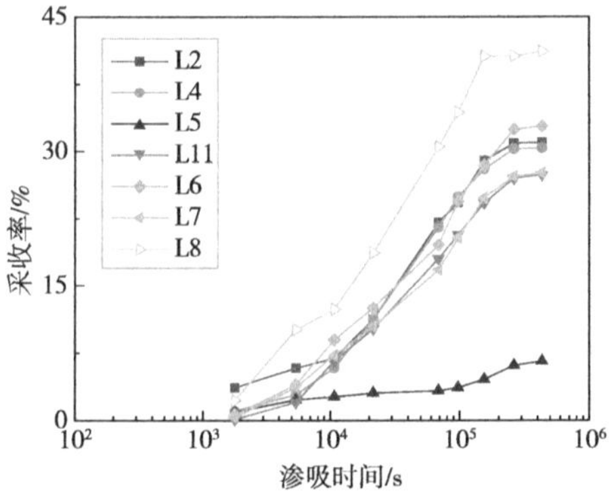

图 3–4　渗吸采收率随时间变化曲线

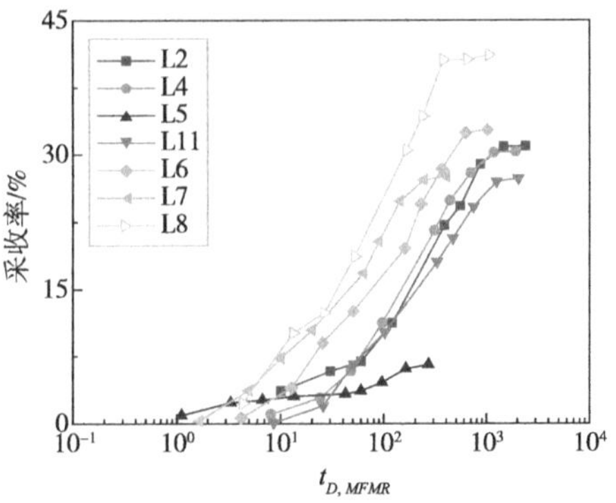

图 3–5　渗吸采收率随无量纲时间变化曲线

综上所述，过去建立的渗吸标度模型多针对裂缝性亲水油藏，而对于弱亲水湿或混合润湿油藏渗吸行为的认识还不充分，目前还未有能够考虑润湿性变化的标度模型。润湿性变化的同时也导致了相渗曲线和毛管力曲线的变化，毫无疑问，表征润湿反转对自发渗吸的影响是一个极具挑战性的工作。除此之外，TEO 边界条件下岩心两端非均匀采油的特征未来也值得关注。

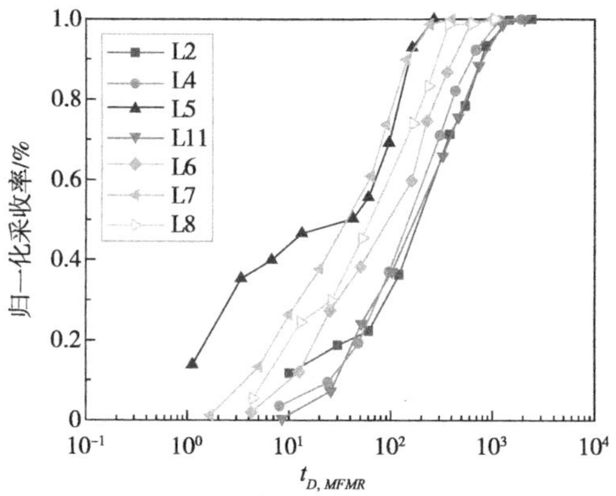

图 3-6 归一化渗吸采收率随无量纲时间变化曲线

第四节 重水—油渗吸体系下渗吸特征

高浓度的 $MnCl_2$ 溶液能够显著将水中氢核向短弛豫时间变化，减弱水中的氢信号。但为了更加接近地层流体的实际情况，需转变思路代替 $MnCl_2$ 溶液。因此采用了重水（D_2O，不含氢质子）作为湿相流体进行渗吸实验。首先简要地介绍了实验材料，其次结合高压压汞和 NMR T_2 谱对致密样品的孔隙结构进行表征，分析了不同孔隙中的油相分布特征。除此之外，对重力、孔隙结构各向异性和油相黏度对致密油砂岩渗吸的影响也进行了深入的探讨。

一、实验细节

同样选取鄂尔多斯盆地上三叠纪延长组的 11 个露头样品开展渗吸实验。7 个致密样品（命名以 C 开头）来自长 8 组，剩余样品（命名以 Y 开头）来自长 6 组。为了减小岩心非均质性的影响，在露头岩块上取心时，钻取位置要尽可能地靠近，最终获取直径和高度分别为 25 mm 和 50 mm 的圆柱形样品。Y露头岩块具有明显的层理结构，钻取样品Y3–1和Y3–3时沿着层理方向，而样品Y3–2和Y3–4则在垂直于层理面方向钻取。所有样品经清洗和干燥后，获得其氦气孔隙度和氮气渗透率，详细物性参数见表3–5，表中两种新出现的边界条件形式为：上端开启（One End Open-upper, OEOu）和下端开启（One End Open-down, OEOd）。

表3–5 实验样品及流体基本物性特征

样品	非湿相	湿相	长度 /mm	直径 /mm	孔隙度 /%	渗透率 /mD	边界条件	含油饱和度 /%
C1–2	#5 白油	重水	50.02	24.81	12.21	0.194	AFO	95.59
C2–11	煤油	重水	49.69	24.75	12.42	0.237	AFO	95.79
C2–12	#3 白油	重水	50.11	24.72	12.36	0.256	AFO	93.85
C2–13	#5 白油	重水	50.09	24.73	12.20	0.259	AFO	94.30
C2–1	#5 白油	重水	49.61	24.78	12.01	0.197	TEO	94.50
C2–7	#5 白油	重水	49.93	24.73	12.25	0.194	OEOu	94.02
C2–9	#5 白油	重水	49.73	24.73	11.90	0.201	OEOd	94.58
Y3–1	#5 白油	重水	50.04	25.02	11.91	2.240	TEO	98.02
Y3–2	#5 白油	重水	49.94	24.77	12.02	0.450	AFO	97.25
Y3–3	#5 白油	重水	50.03	24.76	11.85	2.530	AFO	98.56
Y3–4	#5 白油	重水	50.09	24.78	11.92	0.480	TEO	97.63

采用99.9%纯度的重水作为湿相流体，渗吸测试中NMR将只能检测到油相信号。选取了3种矿物油——#3白油、#5白油和煤油作为油相试剂。测得的湿相与非湿相的密度和黏度列于表3–6中。此外选用树脂作为封堵材料以构造不同渗吸边界条件（详细见表3–5）。

表3–6 流体基本性质（室温22.5℃，大气压条件）

流体	密度 /（g/cm^3）	黏度 /mPa·s
#3 白油	0.81	3.64
煤油	0.82	5.95
#5 白油	0.83	8.87
重水	1.10	1.11

所有样品的孔隙度和渗透率测试完成后，对样品进行干燥处理并直接以饱和矿物油而不经水驱构造束缚水。采用完全饱和油相的样品进行渗吸

实验是被广泛接受的，可以定量评价不同类型孔隙的渗吸效率。渗吸实验操作步骤，与本书前面章节所述实验步骤一致，在此不再赘述。

二、矿物成分、孔隙结构表征和含油分布

表 3–7 列出了岩心 XRD 矿物衍射结果，可以看出两类岩心中石英和长石为主要骨架矿物，总含量超过 73%，而黏土含量相对较低，约为 7%。样品 C 中主要黏土矿物为伊蒙混层和高岭石（占 76%），而样品 Y 中黏土矿物以绿泥石为主。尽管黏土含量偏低，但对致密岩石渗吸的潜在影响需要引起重视。例如含铁绿泥石以薄膜形式吸附在孔隙表面，导致原油吸附，形成亲油表面不利于渗吸。此外黏土膨胀的程度与伊利石和伊蒙混层的含量直接相关。

表3–7　样品矿物分析结果

样品	相对丰度 /%				矿物类型及含量 /%				
	伊蒙混层	伊利石	高岭石	绿泥石	黏土	长石	白云石	方解石	石英
C	32	10	44	14	7.1	21.3	13	6.7	51.9
Y	—	23	27	50	7	52.7	0.7	14	25.6

图 3–7 为样品 C 和样品 Y 高压压汞测试结果。两个样品进汞饱和度均很高，接近 98%。样品 C 的注入压力始终高于样品 Y，说明样品 C 具有更小的孔喉结构，该结论可以进一步由图 3–7（b）的孔喉大小分布看出。样品 C 中起主导作用的孔喉类型处于亚微米范围（0.1~1 μm），符合致密砂岩的典型特征，而样品 Y 中主导孔喉半径处于 0.3~8 μm。除此之外，两个样品孔喉半径分布范围广，显示了致密岩石多尺度分布的孔隙结构特征。尽管样品 C 比样品 Y 更加致密，但样品 Y 具有更大的残余汞饱和度和更陡峭的退汞曲线，这表明样品 Y 可能具有更大的孔喉比。

根据表 3–7 的测试结果，同类岩样具有非常相似的物性参数，如孔隙度和渗透率，因此可以认为岩心也具有类似的孔隙结构，该假设可以进一步由 NMR 实验结果（见图 3–8）得到验证，因此只挑选了 2 个短岩心用于高压压汞测试。另外，如果样品 T_2 谱由表面弛豫主导，那么可以用来反映

岩石孔隙结构。然而研究人员采用NMR技术研究岩石渗吸特征时，该前提条件经常被忽略。高孔高渗的饱和岩心 T_2 谱通常同时包含了表面弛豫和体弛豫，因而在表征岩石孔隙结构时可能是有问题的。

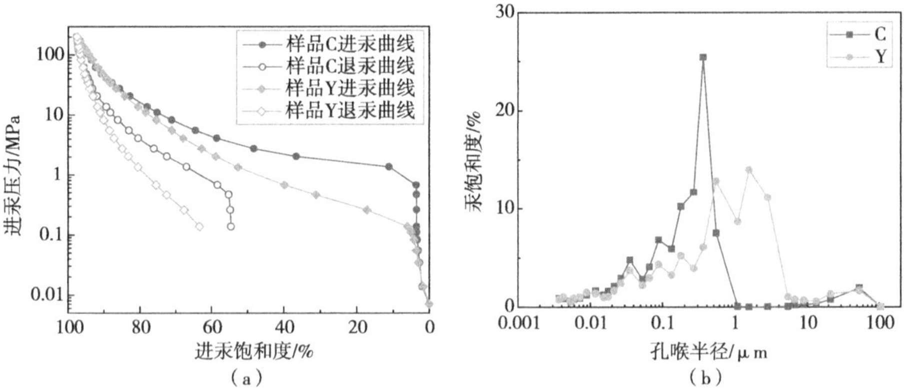

图 3-7　高压压汞测试结果

（a）为进汞和退汞曲线；（b）为孔喉分布曲线

图 3-8（a）显示了所有样品的初始 T_2 谱分布，其中 7 个 C 样品有着相似的呈单峰分布的 T_2 谱线，4 个 Y 样品展现了明显的多峰分布特征。图 3-8（b）显示了 3 种矿物油的体弛豫分布，可以发现当流体黏度增大时，体弛豫时间向短弛豫方向靠近。#5 白油有着最短的弛豫时间，峰值大约为 252 ms，与所有 C 样品的 T_2 谱线几乎都无重叠，说明 C 样品 T_2 谱均以表面弛豫为主，因此可以用于表征孔隙结构。与之不同的是，Y 样品右峰与 T_2 体积弛豫时间存在较大的重叠，说明 Y 样品的 T_2 谱分布不能用于评价孔隙结构。尽管如此，4 个 Y 样品相似的 T_2 谱侧面证实了岩心均有相似的孔隙结构。

基于以上分析，样品 Y 的 T_2 谱无法用于评价岩石孔隙结构。因此接下来只处理 7 个 C 样品的 T_2 谱数据，并结合对应的高压压汞测试将其转化为孔喉分布曲线。首先类比于压汞的注入过程，图 3-9 绘制了 T_2 弛豫时间与累计饱和度的关系曲线，同时也绘制了高压压汞测试获取的孔喉大小分布与累计饱和度关系曲线。

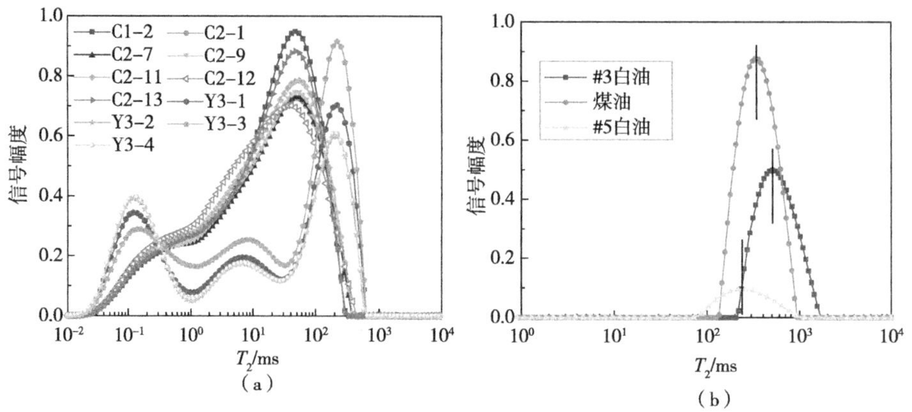

图 3-8 （a）所有饱和油样的 T_2 谱分布；（b）不同矿物油的体弛豫分布曲线

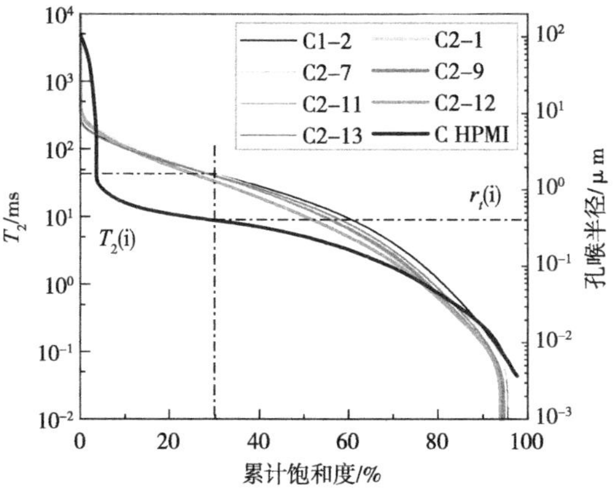

图 3-9 T_2 谱与孔喉分布曲线随累计饱和度变化曲线

以样品 C2-11 为例，每个饱和度点均分别对应某 T_2 弛豫时间和孔喉半径。对 T_2 谱和孔喉半径分布曲线分别进行均匀采样（100 个数据点），并采用线性最小二乘法对两者进行拟合，这样就可得到公式中的未知参数。如图 3-10（a）所示，两者拟合效果良好，而在长弛豫时间部分出现了明显的偏离（图中虚线圆圈所示），原因是样品 C 孔喉分布存在一个微小的右峰［见图 3-7（b）］。该特征并没有体现在其 T_2 谱中［见图 3-8（a）］，可能是高压压汞法测的孔喉半径孔隙遮蔽效应被过高估计所致。图 3-10（b）进一步显示了由高压压汞和 NMR 方法获得的孔喉分布曲线，良好的一致性显示了拟合结果的有效性。

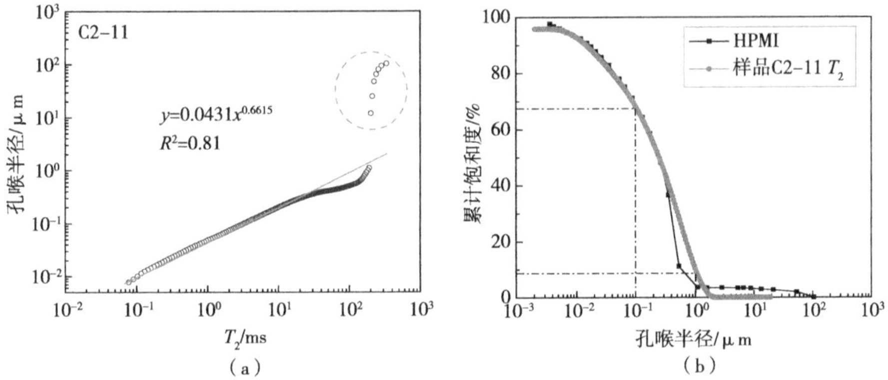

图 3-10 （a）T_2 弛豫时间与孔喉半径拟合关系式；（b）由 NMR T_2 谱转化得到的孔喉分布曲线与高压压汞曲线方法对比

通过采取类似上述处理方法，可以得到其他样品孔径转化的拟合结果，见表 3-8。进一步可以将每个样品的 T_2 谱转换为对应的孔喉分布曲线。

表3-8　不同样品孔径换算拟合关系式及相关系数

样品	拟合关系式	R^2
C1-2	$y=0.0377x^{0.6904}$	0.80
C2-1	$y=0.0515x^{0.6241}$	0.79
C2-7	$y=0.0530x^{0.6166}$	0.78
C2-9	$y=0.0499x^{0.6281}$	0.79
C2-11	$y=0.0431x^{0.6615}$	0.81
C2-12	$y=0.0553x^{0.6348}$	0.79
C2-13	$y=0.0451x^{0.6584}$	0.78

针对致密砂岩多尺度孔隙结构的特点，研究人员提出了不同的孔隙分类方法。结合图 3-7（b）所示的孔喉大小分布结果，发现 Ren 等的孔隙分类方法更适合于致密油砂岩，即致密砂岩孔隙系统分为纳米孔（<0.1 μm）、亚微米孔（0.1~1 μm）和微米孔（>1 μm）。采用表 3-8 得到的拟合关系式，可以计算得到不同孔隙类型弛豫时间边界，即大体上 0.1 μm 和 1 μm

分别对应 3 ms 和 120 ms。进一步获得了岩心不同类型孔隙含油饱和度的分布，见图 3-11。结果表明亚微米孔隙是储油的主要空间，占总孔隙度的 61.5%~68.0%，其次是纳米孔（23.7%~29.3%）和微米孔（8.0%~10.8%），这与图 3-10（b）所示结果一致。此外，根据换算关系式可以获得任意渗吸时刻下不同类型孔隙含油量的变化，能够极大地帮助我们认识致密岩心中油水渗吸行为。

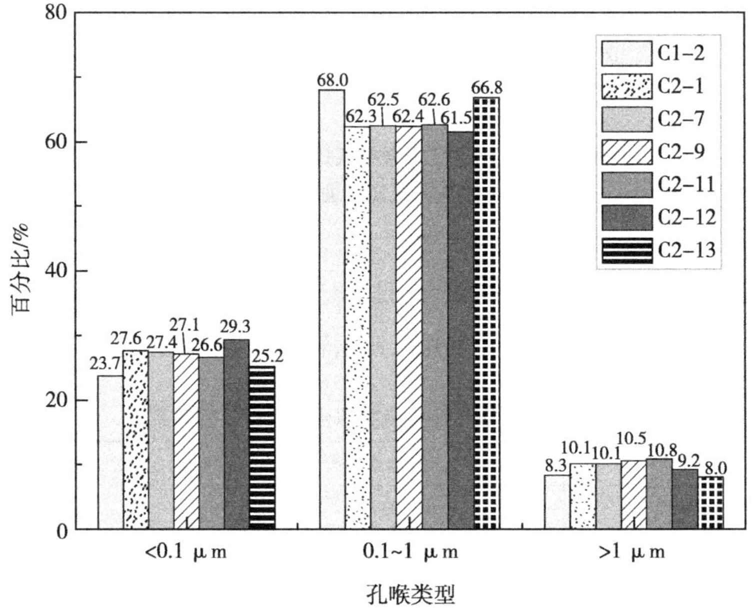

图 3-11　致密岩心不同类型孔喉含油饱和度分布

三、重力的影响

多孔介质中毛管渗吸行为由毛管力、重力和黏滞阻力共同决定。众所周知，常规亲水储层自发渗吸的主要动力为毛管力。通过采用邦德数倒数，即式（3-11），可以衡量重力作用对渗吸是否有重要影响。从理论上分析，极低渗透率的致密岩石其毛管力一般要比常规储层岩石大几个数量级。这意味着对于致密储层，重力影响可以忽略，正如绪论部分所述。然而，之前的研究发现当岩心垂直放置时，TEO 边界条件下岩心两端出现明显的非对称采油现象，而在其他边界条件下采油量差异并不显著。造成这一现象的机理尚不明确，可能是流体的重力分异作用。结合 MRI 成像技术，开展了边界条件分别为 TEO、OEOu 和 OEOd 的渗吸实验以明确重力是否对致密砂岩自发渗吸有着重要影响。

图 3–12（a）展现了不同边界条件下样品渗吸采收率随时间变化曲线。样品 C2–1 有着最快的渗吸速度和最大的采收率（16%），其次是样品 C2–7 和样品 C2–9。黑色虚线框显示渗吸早期样品 C2–9 渗吸速度要快于样品 C2–1 和样品 C2–7，这可能是采用环氧树脂构造边界条件时，岩心表面被污染造成的。在 7 h 时岩心渗吸采收率甚至不足 3%，说明与湿相接触的岩心渗吸面积越小，毛管渗吸也越慢。图 3–12（b）直观地呈现了不同边界下不同孔喉类型对渗吸采收率的贡献。大量油相从亚微米孔隙产出，其次是纳米孔隙，微米孔隙对渗吸采收率几乎没有贡献。与纳米孔隙和亚微米孔隙中含油量的变化相比，纳米孔隙因为有着更大的毛管力，渗吸效率更高，纳米孔隙中的油将优先被水置换出来。

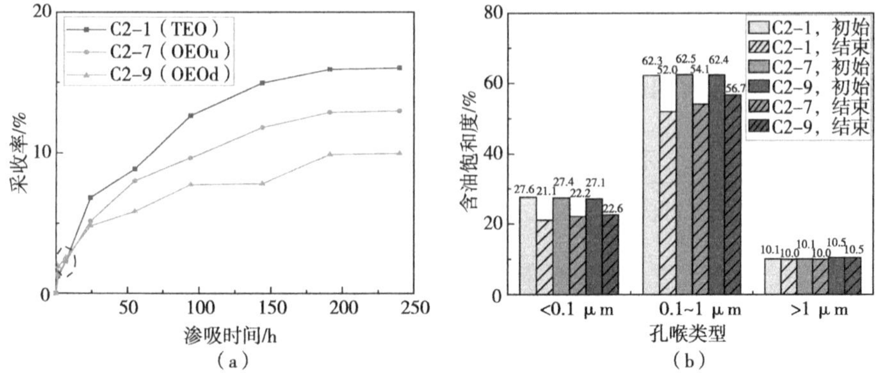

图 3–12 重力作用对自发渗吸的影响

（a）为不同边界条件渗吸采收率随时间变化曲线；（b）为渗吸前后不同孔喉类型含油饱和度变化

然而过去的研究结果表明，边界条件对最终渗吸采收率大小影响甚微，这与本书研究结果相悖。理论上认为，不同边界条件下的渗吸系统都具有相同的表面能，因此渗吸采收率应该不受边界条件的影响。不同边界条件下对渗透率和毛管力曲线的方向性假设，可能无法解释本节 3 个样品的采收率差异，因为涉及的渗吸模式均为轴向上的一维线性流，最可能的原因是在 OEO 或者 TEO 边界条件下，重力的影响可能无法被忽略。

表 3-9 列出了不同边界条件下的含油饱和度分布的 MRI 图像。表中，亮颜色和深颜色分别表示高、低含油量。样品 C2-1 上下两端含油饱和度分布出现了明显差异，更多油相从岩心上端采出，此时重力有助于渗吸的进行。而岩心下端较少的采油量是由于此条件下重力为阻力作用，该结论与 Yu 等的研究结果一致。为进一步阐明重力的影响，对比了 OEOu 和 OEOd 边界条件下的 MRI 图像，发现两种边界条件下含油饱和度分布没有明显差异。通过观察两者渗吸前缘随时间的变化仍未发现大的不同，这可能是由于两种边界条件下渗吸采收率较低且相差不大，使得 MRI 成像技术无法甄别此差异。另一个有趣的发现是，样品 C2-1 上端的渗吸前缘并不是活塞式推进，相反岩心下端呈现了活塞前缘。类似地，样品 C2-7 和样品 C2-9 也呈现了活塞式渗吸前缘，这些发现说明对于非常规储层岩心而言，活塞式推进前缘假设可能仍然是成立的。样品 C2-1 上端不规则油水前缘可能是由样品局部非均质性引起，Dutta 等的研究也有类似的报道。

表3-9　不同边界条件下样品含油饱和度分布（MRI图像）

渗吸时间	样品		
	C2-1	C2-7	C2-9
24 h		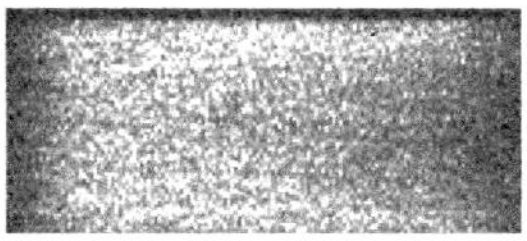	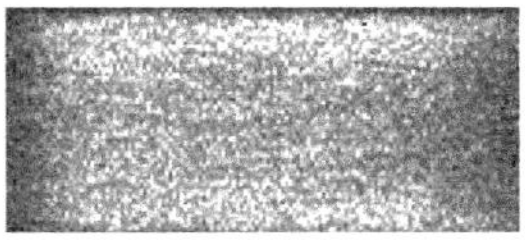
192 h			

本节研究结果表明重力在致密样品渗吸过程中扮演着重要角色，暗示了采用邦德数倒数以评价重力作用的贡献可能并不适用于致密岩石，主要

原因是该无量纲数基于毛管束模型建立，无法表征具有复杂孔隙结构的致密介质。致密岩石中流体渗吸采收率取决于毛管力、重力、黏滞力和其他微观作用力的净作用。尽管致密岩石毛管力更强，但由于迂曲而复杂的孔隙通道，使得阻力作用同样突出。除此之外，非常规储层的黏土膨胀作用导致的岩石结构变化、复杂润湿性特征、纳米尺度下不可忽略的表面力等因素均可能对渗吸造成很大影响。因此以毛管力为主导的自发渗吸可能会被削弱，在这种情形下重力的影响也许不应被忽略。

四、孔隙结构各向异性的影响

自发渗吸的研究中一个重要的研究分支是标度模型的发展，大部分的模型都基于均质岩石构建。实际渗吸过程中会遇到不同的边界条件，因而存在不同的渗吸模式，如 TEC 边界条件下的二维径向流、AFO 边界条件下的混合三维径向流与线性流和 TEO 边界条件下的一维线性流等。倘若岩样不均质，则必须考虑岩石物性（渗透率、毛管力曲线和相渗等）的方向性。天然储层岩石并不总是均质的，尤其非常规岩石通常具有复杂的孔隙结构和高度非均质性。因此有必要研究各向异性孔隙结构对于自发渗吸的影响。选用 3 对岩心（每对包含一个平行层理取心样和垂直取心样）开展了一系列的渗吸实验，涉及 AFO 和 TEO 边界条件，最终渗吸结果如图 3–13 所示。

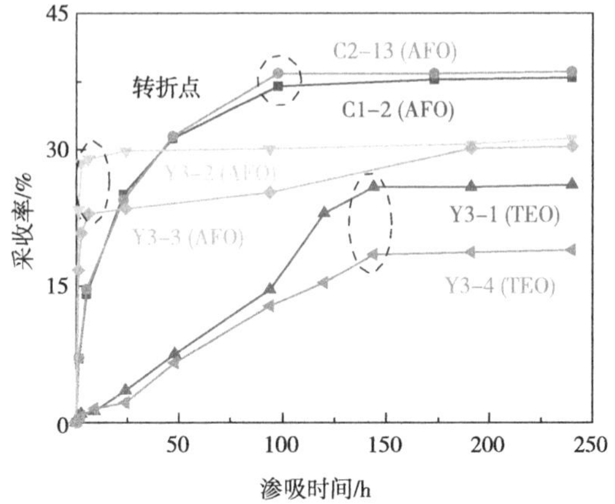

图 3–13　岩心渗吸采收率随时间变化曲线以评价孔隙结构各向异性对自发渗吸的影响

图 3–13 为不同样品渗吸采收率随时间变化趋势。相对均质的样品 C1–2 和样品 C2–13 渗透率接近，渗吸采收率变化也非常接近，其中样品 C2–13 采收率略高于样品 C1–2。这是由于样品 C 没有明显的层理发育，方向渗透率的影响可以忽略。样品 Y3–2 和样品 Y3–3 取自层理明显发育的露头岩块，因此渗透率具有明显的方向性（见表 3–5）。然而在 AFO 边界条件下，孔隙结构各向异性似乎只影响渗吸的速度而对最终采收率影响不大。另外值得注意的是样品 Y3–3 渗透率大约为样品 Y3–2 的 5 倍，但样品 Y3–2 却有着更高的渗吸速度，这种异常可能是由于快速渗吸模式出现在沿着层理的方向。层理结构的存在不仅对渗吸速度有着重要影响，同时制约着 TEO 边界条件下最终渗吸采收率的大小。由于样品 Y3–1 主要渗吸通道为沿着层理方向，因此渗吸速度更快，采收率比样品 Y3–4 高约 7.2%。考虑到样品是水平放置，故可以排除重力作用的影响。采收率的差异在一定程度上可以通过样品的各向异性进行解释说明，进一步论证了之前文章提出的假设。

所有样品具有一个快速的渗吸阶段，渗吸速度之后逐渐变慢。两个阶段的交点称为转折点，在图 3–13 中以虚线框进行表示。样品 Y3–2 和样品 Y3–3 有着较快的渗吸速度，大部分油在前 7 h 被采出。其次是样品 C1–2 和样品 C2–13，渗吸采油量在 98 h 后基本达到稳定。样品 Y3–1 和样品 Y3–4 有着更低的渗吸速度，转折点出现在第 144 h。转折点通常用于预测水力压裂之后的关井时间，合理设计关井时间能够带来可观的早期收益。然而图 3–13 的结果表明，转折时间与多个因素有关。例如样品 C1–2 和样品 C2–13 有着丰富的亚微米孔隙［图 3–7（b）］，具有更高的毛管力，理论上讲应该也有着更早的转折点。但图 3–13 中结果表明，从岩心渗吸数据获得的转折点应该被谨慎用于制定关井时间，因为只有岩心孔隙度和渗透率数据不足以表征该特征。另外，尽管样品 Y3–3 渗透率几乎比样品 C1–2 和样品 C2–13 大一个数量级，但采收率却较低，说明渗吸采收率极大地取决于岩石孔隙结构。图 3–13 中观察到的采收率的不一致性可能是由于样品 Y 较大的孔喉比造成了大量的剩余油残留于孔隙内。

流体在多孔介质中的水动力学行为强烈取决于其孔隙结构特征。研究结果发现，TEO 边界条件下孔隙结构各向异性对自发渗吸的影响比 AFO 条件下更为显著。可能的原因是侧面是主要的渗流通道，AFO 边界条件下岩心侧面的开启缩短了非湿相流体运移出岩石的距离，该发现与第三章第三节的研究结果一致。在这种条件下，渗吸采收率可能受孔隙结构的影响较小。本节结果初步表明，自发渗吸过程中的毛管力曲线和相渗曲线也与渗吸边界有关。

五、非湿相黏度的影响

研究非湿相流体黏度对渗吸的影响不仅有助于理解致密储层的渗吸机理，而且能够为发展新的标度模型提供新鲜数据。致密油为一种轻质油，黏度范围通常为 1.48~11 mPa · s，平均为 6.64 mPa · s（测试条件：50℃，1 atm）。选择了 3 种不同黏度的矿物油作为非湿相流体来实施渗吸实验。

图 3–14 显示了不同样品渗吸采收率随时间变化曲线和不同孔隙类型对渗吸采收率的贡献。从图 3–14（a）可以看出在前 23 h，3 个样品呈现出相似的变化趋势，随后样品 C2–13 渗吸速度变慢，有着比样品 C2–11 和样品 C2–12 更低的渗吸采收率。这与实验中采用油相黏度的不同有关，油相黏度的增大意味着更大的黏滞阻力。除此之外，不同样品间相似的渗吸采收率也可以通过图 3–14（b）所示的各样品不同类型孔隙对渗吸的贡献看出。总的来说，不同黏度下渗吸速度和采收率的差异并不明显，说明自发渗吸行为可能对油相黏度的变化并不敏感，至少该结论在黏度范围小的致密油条件下是成立的，这间接说明 Lai 等的实验研究中致密油砂岩渗吸采收率的提高可能并不是由黏度的降低造成的，而是由温度对岩石表面润湿性的影响所致，尤其针对纳米多孔介质。此外，Lai 等也设计了非湿相为煤油（1.80 mPa · s）和模拟油（2.23 mPa · s）的渗吸实验，观察到的采收率差异可能不是由微小的黏度差造成的。尽管如此，非湿相黏度对于致密岩石渗吸影响的研究应该延伸到具有不同非均质程度的非常规储层岩石以进一步阐明油相黏度的影响。

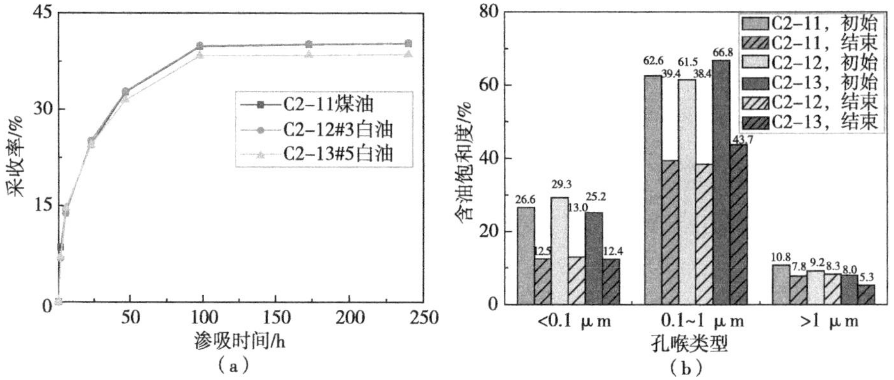

图 3-14　非湿相黏度对自发渗吸的影响

（a）不同样品渗吸采收率随时间变化曲线；（b）渗吸前后不同孔喉类型含油饱和度的变化

第四章

致密多孔介质单相液体流动模拟研究

纳米孔隙中液体的传输是非常规资源储层开发过程中重要的流动现象。本章首先考虑了水在纳米尺度下的传输机理，研究了水在光滑和粗糙狭缝孔隙中的流动规律，进一步考虑了离子效应的影响，阐述了盐溶液在纳米孔隙中的水动力学行为，旨在帮助大家认识液体在致密介质中的流动特征及为其他相关学科提供有价值的参考。

第一节　水在光滑纳米狭缝孔中的流动特征研究

一、纳米尺度水传输机理

流固作用力引起的界面效应在宏观尺度下可以忽略，水在孔隙中的流动可以由连续介质流体力学进行刻画。然而在纳米尺度下，巨大的比表面积使得界面效应不可忽略。以水在纳米狭缝孔隙中流动为例，流动区域可以分为界面层和体相水，两个区域具有不同的流动模式，即在亲水条件下水分子在界面处的吸附和疏水条件下的类塞状流，如图 4-1 所示。

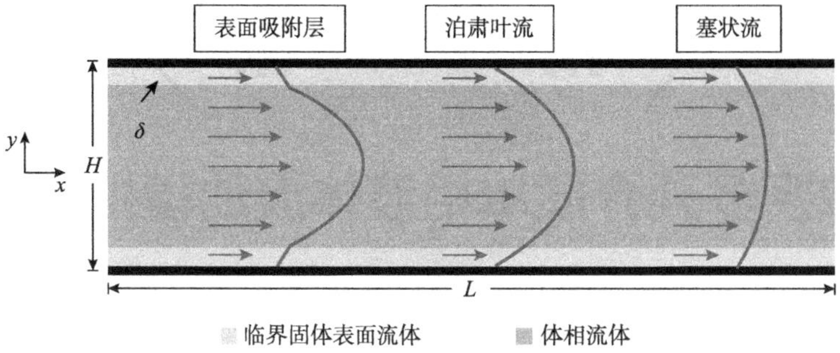

图 4-1　不同流固作用强度下水在狭缝孔隙典型流速剖面示意图

大量分子模拟和实验研究表明，可以通过捕捉界面层的黏度变化和流固边界处的滑移长度机理来表征水在纳米孔隙中的传输规律。通过拟合大量关于水在纳米通道中流动的分子模拟和实验数据，Wu 等最近提出了一个简单的水传输模型，给出了界面水黏度、体相黏度与壁面润湿性的关系，

$$\frac{\mu_i}{\mu_b} = -0.018\theta + 3.25 \tag{4-1}$$

式中，μ_i 为临近固体表面水相黏度，mPa · s； μ_b 为体相水黏度，mPa · s。

式（4–1）直观地展现了亲水壁面水分子多层吸附造成黏度增大和疏水表面耗散层导致的黏度减小现象。此外，滑移长度 L_s 可以表示为，

$$L_s = \frac{C}{(\cos\theta + 1)^2} \tag{4-2}$$

式中，C 为拟合参数，取为 0.41 nm。

尽管该模型是基于圆柱形孔隙中水传输建立的，本研究假设该关系式也适用于狭缝孔和更复杂的多孔介质。

二、水在纳米狭缝孔流动方程推导

通常存在两种刻画界面水黏度特征的方法以表征水在纳米受限条件下的传输行为。一种为采用分段流动剖面考虑界面相和体相水，另一种为对纳米孔隙中界面相和体相水进行面积加权平均得到有效黏度。需要说明的是，有效黏度概念是针对规则孔隙提出的，不适用于复杂多孔介质。原因

是无法明确定义局部孔隙界面面积，因此这里采用分段形式的传输模型。考虑到狭缝孔隙的对称性，在此仅对一半孔隙区域进行公式推导，体相流体 V_b 和流固界面区域流体 V_i 的流动方程表示为，

$$V_b(y)=\frac{\Delta p}{L}\frac{h^2-y^2}{2\mu_b}+C_1,\quad 0\leqslant y\leqslant h-\delta \tag{4-3}$$

$$V_i(y)=\frac{\Delta p}{L}\frac{h^2-y^2}{2\mu_i}+C_2,\quad h-\delta\leqslant y\leqslant h \tag{4-4}$$

式中，h 为狭缝半宽，m；δ 为界面层厚度，m；$\Delta p/L$ 为压力梯度，MPa/m；V_b 为体相流体流速，m/s；V_i 为临近固体壁面流体流速，m/s；C_1 和 C_2 为常数项，由以下边界条件推导得到：

$$\begin{cases}\dfrac{\partial V_b}{\partial y}\Big|_{y=0}=0\\ V_b\Big|_{y=h-\delta}=V_i\Big|_{y=h-\delta}\\ \mu_b\dfrac{\partial V_b}{\partial y}\Big|_{y=h-\delta}=\mu_i\dfrac{\partial V_i}{\partial y}\Big|_{y=h-\delta}\\ -L_s\dfrac{\partial V_i}{\partial y}\Big|_{y=h}=V_i\Big|_{y=h}\end{cases} \tag{4-5}$$

式（4–5）满足连续性方程和 Navier 滑移边界条件，通过将式（4–3）和式（4–4）代入式（4–5），可以求得 C_1 和 C_2。基于此，在某压力梯度下狭缝孔内流体流动方程可以表示为，

$$V_b(y)=\left[\frac{h^2-y^2}{2\mu_b}+\frac{\mu_b-\mu_i}{2\mu_b\mu_i}\left(2h\delta-\delta^2\right)+\frac{hL_s}{\mu_i}\right]\frac{\Delta p}{L},\ 0\leqslant|y|\leqslant h-\delta \tag{4-6}$$

$$V_i(y)=\left(\frac{h^2-y^2+2hL_s}{2\mu_i}\right)\frac{\Delta p}{L},\ h-\delta\leqslant|y|\leqslant h \tag{4-7}$$

对式（4–6）从 $y=0$ 到 $y=h-\delta$ 进行积分，式（4–7）从 $y=h-\delta$ 到 $y=h$ 进行积分，可以分别得到体相和界面流体的体积流量，

$$Q_b=\int_0^{h-\delta}V_b(y)\mathrm{d}y=\left[\frac{(h-\delta)^3}{3\mu_b}+\frac{(\delta-h)\left(\delta^2-2\delta h-2hL_s\right)}{2\mu_i}\right]\frac{\Delta p}{L} \tag{4-8}$$

$$Q_i = \int_{h-\delta}^{h} V_i(y)\,\mathrm{d}y = \frac{\delta\left(6hL_s + 3\delta h - \delta^2\right)}{6\mu_i}\frac{\Delta p}{L} \tag{4-9}$$

式中，Q_b 为体相流体流量，m^3/s；Q_i 为临近固体表面流体流量，m^3/s。

如不考虑纳米受限效应，水在狭缝孔隙中流动符合泊肃叶流动定律（Hagen–Poiseuille, HP），其流速和流量可以表示为，

$$V_{hp}(y) = \frac{h^2 - y^2}{2\mu_b}\frac{\Delta p}{L} \tag{4-10}$$

$$Q_{hp} = \int_0^h V_{hp}(y)\,\mathrm{d}y = \frac{h^3}{3\mu_b}\frac{\Delta p}{L} \tag{4-11}$$

定义流动增强传输因子 α，用以量化水在纳米尺度下与无滑移流动条件下传输能力之比，

$$\alpha = \frac{Q_b + Q_i}{Q_{hp}} = \frac{\mu_b\left(\delta^3 - 3\delta^2 h + 3\delta h^2 + 3L_s h^2\right) + \mu_i\left(h-\delta\right)^3}{\mu_i h^3} \tag{4-12}$$

在得到 α 的表达式后，进一步分析了润湿性和孔径与水在纳米孔隙中传输能力之间的关系，见图 4–2。由图 4–2（a）可知孔径越小，流固作用的影响越大。以 5 nm 的孔径为例，亲水条件的阻力效应和疏水条件下的传输增强效应最强。随着孔径的增大，润湿性对水在孔隙中传输能力的影响变得越来越弱，当孔径达到 100 nm 以上时，除接触角为 150° 时传输因子略大于 2 外，其他润湿条件下纳米尺度效应基本可以忽略［见图 4–2（b）］。

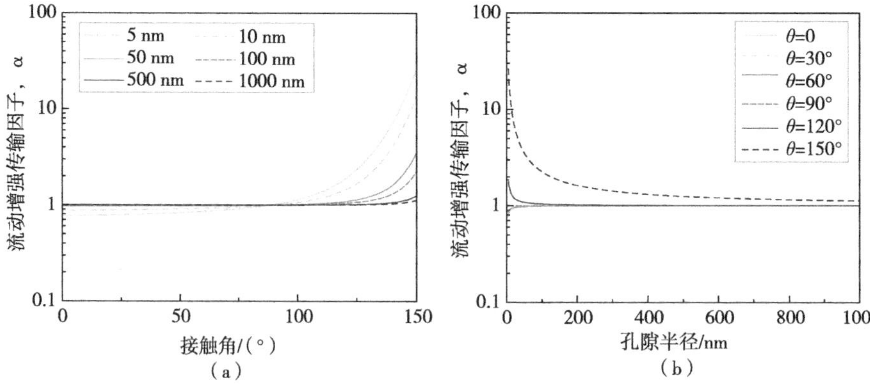

图 4–2　流动增强传输因子随壁面润湿性和孔隙半径大小变化关系

第二节 水在粗糙纳米狭缝孔中的流动特征研究

考虑了与润湿性有关的流体界面黏度和滑移长度的独特性质，提出了针对纳米尺度液体流动的格子 Boltzmann 模型，开展了水在粗糙纳米孔隙中的流动模拟，揭示了水在不同润湿性和表面粗糙条件下的流动特点及传输能力。接下来介绍了 LBM 液体传输理论和粗糙纳米孔隙的构建，在对提出的 LB 模型进行验证后，模拟了水在粗糙纳米孔隙中的流动和传输能力特征，主要研究因素聚焦在表面润湿性和粗糙壁面的影响上。

一、粗糙纳米孔隙的生成方法

众所周知，自然界物体的表面形态通常不是光滑而是粗糙且不规则的。研究发现粗糙表面通常具有分形自仿射性，分形几何理论能够有效量化粗糙表面特征。采用 Weierstrass–Mandelbrot（W–M）函数生成粗糙纳米孔隙，表面轮廓变化 $R(y)$ 表示为，

$$R(y)=G^{(D-1)}\sum_{n=n_1}^{\infty}\frac{\cos\left(2\pi\gamma^{n}y\right)}{\gamma^{(2-D)n}} \tag{4-13}$$

式中，$R(y)$ 为表面轮廓变化，m；y 为沿着孔隙表面方向的位置，m；γ 为控制能谱密度和粗糙轮廓线高度，取为 1.5；D 为分形维数，$1<D<2$。

D 值越大，孔隙表面越迂曲。对于某粗糙表面，D 可由下式计算得到，

$$\mathrm{Str}(\tau)=\left\langle\left[R(y+\tau)-R(y)\right]^{2}\right\rangle=\psi G^{2(D-1)}\tau^{4-2D} \tag{4-14}$$

式中，$\mathrm{Str}(\tau)$ 为结构函数；τ 为距离间隔，m；ψ 为常数。

结构函数，反映了以距离 τ 为间隔，粗糙表面不同位置的高度差平方的均值，一旦 D 和均方根粗糙面高度 σ 确定后，标定常数 G 可以通过下式获得：

$$\sigma=\left[\frac{G^{2(D-1)}}{2\ln\gamma}\frac{1}{4-2D}\left(\frac{1}{\omega_l^{(4-2D)}}-\frac{1}{\omega_h^{(4-2D)}}\right)\right]^{0.5} \tag{4-15}$$

式中，G 为标定常数；ω_l 为低频截止频率；ω_h 为高频截止频率。

低频截止频率与样品长度有关，$\omega_l=1/L$。高频截止频率与扫描分辨率有关，$\omega_h=1/L_r$。

相对粗糙度的定义公式为：

$$\varepsilon=\frac{\sigma}{H} \tag{4-16}$$

式中，σ为孔隙粗糙面均方根高度；H 为纳米孔隙有效孔径，m。

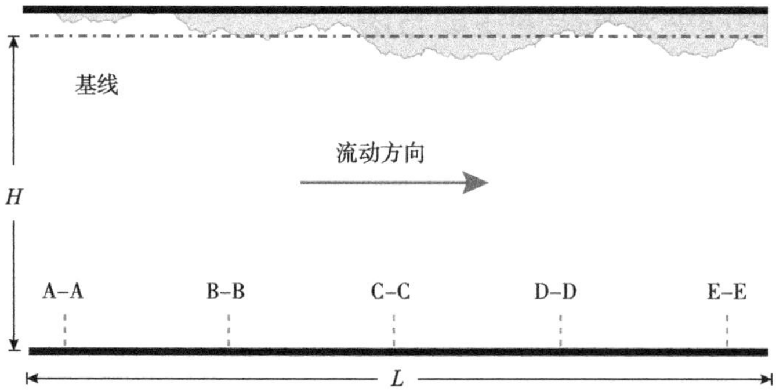

图 4-3　由 W-M 函数产生的典型粗糙孔隙示意图

A–A、B–B、C–C、D–D 和 E–E 分别代表 5 个不同的位置

通过将 D、σ 和 G 代入式（4–13），可以得到相应的粗糙表面。图 4–3 显示了典型的粗糙孔隙表面轮廓，其中 $\sigma=10$ nm 和 $D=1.2$。

非常规储层岩石富含粗糙纳米孔隙，然而没有直接证据表明岩石表面符合自适应分形定律。选取了文献中页岩样品粗糙表面的原子力显微镜数据，来探究其是否满足分形理论。

图 4–4（a）和图 4–4（b）展现了页岩孔隙表面粗糙特征，发现图 4–4（c）和图 4–4（d）的拟合结果具有非常高的相关系数，说明表面页岩纳米孔隙粗糙表面符合分形标度理论。

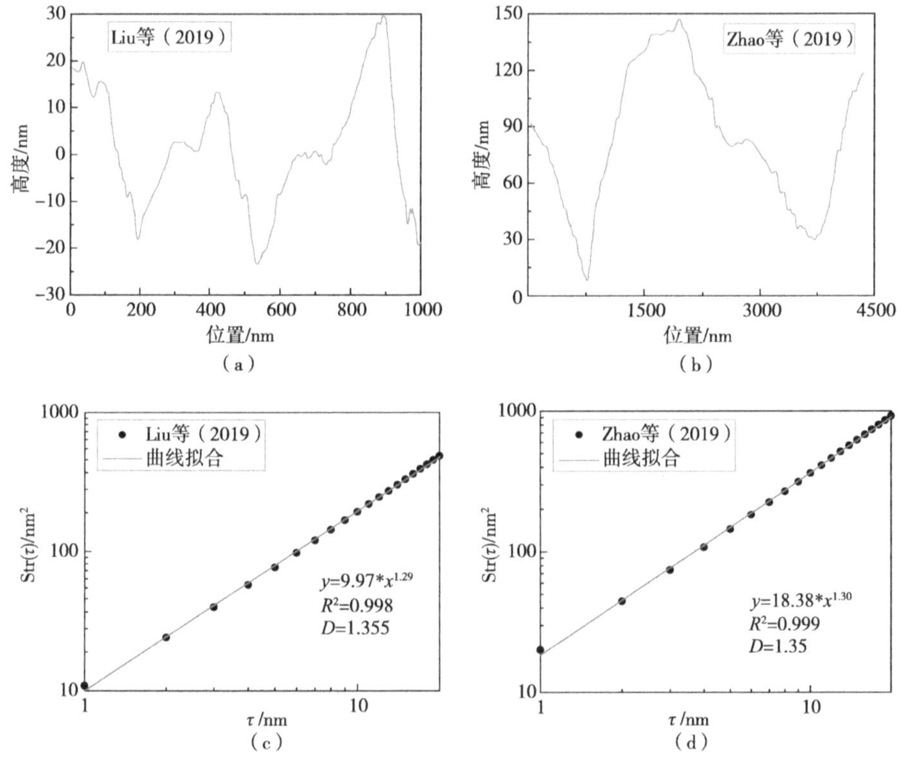

图 4-4 （a）和（b）为页岩孔隙表面高度分布，（c）和（d）为与（a）和（b）相对应的结构函数与间隔距离 τ 的关系

二、液体纳米传输格子 Boltzmann 方法

采用二维 MRT 模型研究纳米尺度液体流动，不考虑外力项形式的 MRT–LBM 演化方程表示为，

$$f_i\left(x+c_i\delta t, t+\delta t\right)-f_i\left(x,t\right)=-M_{ij}S_{jk}\left(x,t\right)\left[m_k\left(x,t\right)-m_k^{eq}\left(x,t\right)\right] \qquad (4\text{–}17)$$

式中，$f_i\left(x,t\right)$ 为 t 时刻，位置 x 处，具有离散速度 c_i 的粒子的分布函数。

公式同时包含了迁移步和碰撞步。对于 D2Q9 格子模型，格子速度集 c 表示为，

$$\boldsymbol{c}=\left(\boldsymbol{c}_0, \boldsymbol{c}_1, \boldsymbol{c}_2, \cdots, \boldsymbol{c}_8\right)=c\begin{pmatrix} 0 & 1 & 0 & -1 & 0 & 1 & -1 & -1 & 1 \\ 0 & 0 & 1 & 0 & -1 & 1 & 1 & -1 & -1 \end{pmatrix} \qquad (4\text{–}18)$$

式中，c 为格子速度，$\delta x/\delta t$，δx 和 δt 一般都取为 1。

M_{ij} 为转换矩阵，用以将分布函数 f_i 映射到矩空间，

$$\left(M_{ij}\right)=\begin{pmatrix} 1 & 1 & 1 & 1 & 1 & 1 & 1 & 1 & 1 \\ -4 & -1 & -1 & -1 & -1 & 2 & 2 & 2 & 2 \\ 4 & -2 & -2 & -2 & -2 & 1 & 1 & 1 & 1 \\ 0 & 1 & 0 & -1 & 0 & 1 & -1 & -1 & 1 \\ 0 & -2 & 0 & 2 & 0 & 1 & -1 & -1 & 1 \\ 0 & 0 & 1 & 0 & -1 & 1 & 1 & -1 & -1 \\ 0 & 0 & -2 & 0 & 2 & 1 & 1 & -1 & -1 \\ 0 & 1 & -1 & 1 & -1 & 0 & 0 & 0 & 0 \\ 0 & 0 & 0 & 0 & 0 & 1 & -1 & 1 & -1 \end{pmatrix} \tag{4-19}$$

动量 m_i 和平衡动量分布函数 m_i^{eq} 分别表示为，

$$\left(m_i\right)=\left(M_{ij}f_j\right)=\left(\rho, e, \varepsilon, j_x, q_x, j_y, q_y, p_{xx}, p_{xy}\right)^{\mathrm{T}} \tag{4-20}$$

$$\begin{aligned}\left(m_i^{eq}\right)&=\left(M_{ij}f_j^{eq}\right)=\left(\rho, e^{eq}, \varepsilon, j_x, q_x^{eq}, j_y, q_y^{eq}, p_{xx}^{eq}, p_{xy}^{eq}\right)^{\mathrm{T}}\\ &=\rho\left(1,-2+3u^2,1-3u^2,u_x,-u_y,u_x,-u_y,u_x^2-u_y^2,u_xu_y\right)^{\mathrm{T}}\end{aligned} \tag{4-21}$$

式中，ρ 为宏观密度；u 为速度；e 与能量有关；ε 与能量有关；j 为动量；q 为能量通量；p 为黏性应力分量。

粒子平衡分布函数 f_i^{eq} 计算为，

$$f_i^{eq}=\rho w_i\left[1+\frac{c_i\cdot u}{c_s^2}+\frac{\left(c_i\cdot u\right)^2}{2c_s^4}-\frac{u^2}{2c_s^2}\right] \tag{4-22}$$

式中，w_i 为方向权重系数。

w_i 定义为：$w_0=4/9$、$w_{1\sim4}=1/9$ 和 $w_{5\sim8}=1/36$。

对于等温 LB 模型，声速 c_s 等于 $1/\sqrt{3}$。给定对角松弛矩阵 S_{ij} 为，

$$S_{ij}=diag\left(\tau_\rho,\tau_e,\tau_\varepsilon,\tau_j,\tau_q,\tau_j,\tau_q,\tau_s,\tau_s\right)^{-1} \tag{4-23}$$

矩阵 S_{ij} 包含 9 个松弛时间，其排列顺序与动量 m_i 一致。τ_e 和 τ_s 直接与

体黏性系数和剪切黏性系数有关。将 τ_ρ 和 τ_j 设定为 1，用以满足质量和动量守恒。τ_ε 和 τ_q 均为可调参数。

流体的宏观性质，如密度 ρ、速度 u、压力 p 和动力黏度 μ 分别表示为，

$$\rho=\sum_i f_i \tag{4-24}$$

$$\rho u=\sum_i f_i c_i \tag{4-25}$$

$$p=\rho c_s^2 \tag{4-26}$$

$$\mu=\rho c_s^2\left(\tau_s-\frac{\delta_t}{2}\right) \tag{4-27}$$

以上为单相流格子 Boltzmann 模拟方法基本理论框架。为了能够将流体界面黏度和滑移长度引入 LB 模型，本章提出了双黏度模型，界面相和体相黏度分别表示为，

$$\mu_i=\rho c_s^2\left(\tau_{s,i}-\frac{\delta_t}{2}\right) \tag{4-28}$$

$$\mu_b=\rho c_s^2\left(\tau_{s,b}-\frac{\delta_t}{2}\right) \tag{4-29}$$

将式（4–28）和式（4–29）代入式（4–1），可以得到界面与体相流体松弛时间之间的关系，

$$\tau_{s,i}=\left(3.25-0.018\theta\right)\left(\tau_{s,b}-0.5\right)+0.5 \tag{4-30}$$

如图 4–5 所示，LB 模型中考虑了 4 种格点类型并用不同数字表示，分别为体相流体、界面流体、边界流体节点和固体节点。边界节点为一种特殊的流体节点，流体滑移长度通过 DBB 边界格式施加在边界节点。由于局部计算的特点，该混合格式更加适合模拟不规则多孔介质中的流体流动。另外，Yang 等在对 3 种不同组合边界条件（BSR、DBB 和 DSR）进行详细分析后发现三者实际上是等价的，并将 DBB 格式的组合系数范围从传统的

0~1 扩展到 0~2，这样能够在模拟中获得更大的滑移长度。

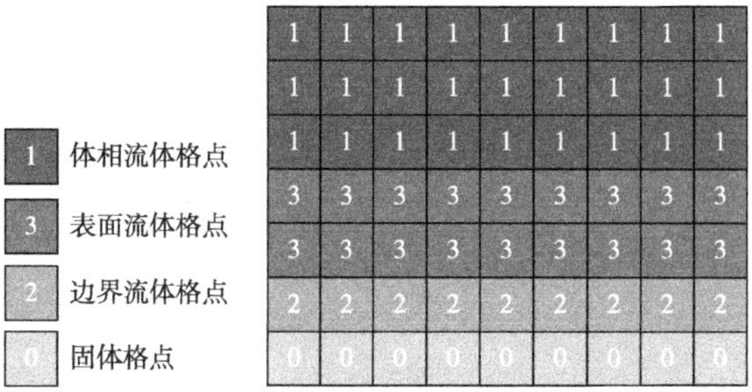

图 4-5　LB 模型涉及的 4 种格点示意图

对于 DBB 格式，在执行迁移步之后，边界流体节点分布函数表示为，

$$f_i=(1-r)f_{\bar{i}}^{*}+rf_i^{eq} \tag{4-31}$$

式中，$f_{\bar{i}}^{*}$ 为执行碰撞步之后，$\bar{i}$ 方向上粒子分布函数（$c_{\bar{i}}=-c_i$）；r 为组合系数。

根据文献的推导，存在以下关系式，

$$b=\frac{r(2\tau_{s,i}-1)}{2(2-r)}+\frac{16\left(\tau_{s,i}-\frac{1}{2}\right)\left(\tau_{q,i}-\frac{1}{2}\right)-3}{12H} \tag{4-32}$$

式中，b 为滑移长度；H 为狭缝孔隙高度。

为了消除离散效应的影响，必须消除等式右边第二项，因此，

$$\tau_{q,i}=\frac{8\tau_{s,i}-1}{8(2\tau_{s,i}-1)} \tag{4-33}$$

类似地，可以求得松弛时间 $\tau_{q,b}$。经过这样的处理，r 只与滑移长度和松弛时间有关，

$$r=\frac{2}{1+\frac{2\tau_{s,i}-1}{2b}} \tag{4-34}$$

关于液体滑移流动的模拟，单松弛模型中的离散效应是不可避免的，

而提出的多松弛模型不仅成功消除了离散性的影响，而且也能在灵活调节松弛时间 $\tau_{s,b}$ 值的同时保持数值稳定性。最后，模型进出口采用 Zou–He 压力边界条件。

三、模型验证

为了保证计算的精度、稳定性和收敛速度，需要谨慎选取体相流体弛豫时间 $\tau_{s,b}$ 和界面层厚度（格子单位）δ_{LB}。选取了孔径与界面厚度之比为 4（$h/\delta=4$）的纳米孔隙进行敏感性分析，增强传输因子 α 的相对误差大小作为参数选取的评价标准。

综合表 4–1 至表 4–3 可知，相比于松弛时间 $\tau_{s,b}$，计算精度对 δ_{LB} 的变化更为敏感。在 θ=0° 和 θ=90° 的条件下，设定 δ_{LB} =3 有着最高的计算精度，而在 θ=140° 的情况下，最佳选择是 δ_{LB} =4。然而两种条件下模拟结果相差并不大，因而在接下来的模拟中，界面层厚度统一设置为 3 个格子宽度。此外由于模拟采用了多松弛时间模型，发现计算精度受 $\tau_{s,b}$ 值变化的影响不大。尽管如此，观察发现 $\tau_{s,b}$ 值越大，计算收敛速度越快，故而将 $\tau_{s,b}$ 统一设定为 1.5。

表4–1　当θ=0° 时，不同 $\tau_{s,b}$ 和 δ_{LB} 条件下由解析解和LB模拟得到的传输因子α相对误差

δ_{LB} \ $\tau_{s,b}$	0.6	0.7	0.8	0.9	1.0	1.1	1.2	1.3	1.4	1.5
1	30.40%	31.70%	32.30%	32.60%	32.80%	33.00%	33.10%	33.20%	33.30%	33.40%
2	8.90%	9.88%	10.40%	10.70%	10.90%	11.10%	11.20%	11.30%	11.40%	11.50%
3	7.00%	6.75%	6.61%	6.53%	6.47%	6.43%	6.39%	6.36%	6.34%	6.32%
4	16.40%	16.20%	16.10%	16.00%	16.00%	15.90%	15.90%	15.90%	15.90%	15.80%
5	22.50%	22.00%	21.70%	21.60%	21.40%	21.30%	21.30%	21.20%	21.20%	21.10%

表4-2　当θ=90°时，不同$\tau_{s,b}$和δ_{LB}条件下由解析解和LB模拟得到的传输因子α相对误差

δ_{LB} \ $\tau_{s,b}$	0.6	0.7	0.8	0.9	1.0	1.1	1.2	1.3	1.4	1.5
1	30.40%	31.70%	32.30%	32.60%	32.80%	33.00%	33.10%	33.20%	33.30%	33.40%
2	8.90%	9.88%	10.40%	10.70%	10.90%	11.10%	11.20%	11.30%	11.40%	11.50%
3	7.00%	6.75%	6.61%	6.53%	6.47%	6.43%	6.39%	6.36%	6.34%	6.32%
4	16.40%	16.20%	16.10%	16.00%	16.00%	15.90%	15.90%	15.90%	15.90%	15.80%
5	22.50%	22.00%	21.70%	21.60%	21.40%	21.30%	21.30%	21.20%	21.20%	21.10%

表4-3　当θ=140°时，不同$\tau_{s,b}$和δ_{LB}条件下由解析解和LB模拟得到的传输因子α相对误差

δ_{LB} \ $\tau_{s,b}$	0.6	0.7	0.8	0.9	1.0	1.1	1.2	1.3	1.4	1.5
1	1.59%	3.96%	5.24%	6.09%	6.72%	7.21%	7.60%	7.93%	8.21%	8.44%
2	0.92%	2.01%	2.61%	2.99%	3.28%	3.49%	3.66%	3.80%	3.92%	4.02%
3	1.17%	1.39%	1.52%	1.60%	1.66%	1.71%	1.74%	1.77%	1.80%	1.82%
4	1.25%	1.38%	1.47%	1.53%	1.58%	1.61%	1.64%	1.66%	1.67%	1.69%
5	2.40%	1.55%	1.79%	1.94%	2.05%	2.13%	2.20%	2.25%	2.29%	2.33%

基于以上分析结果，将体相流体松弛时间$\tau_{s,b}$和界面层厚度δ_{LB}分别设定为1.5和3，模拟了狭缝孔隙增强传输因子随接触角和孔径大小的变化曲线，并与解析解进行对比，验证LB模型的有效性。

图4–6中传输因子随不同因素的变化曲线显示了提出的LB模型能够精确地捕捉水在纳米受限条件下的传输特征，即亲水界面吸附和疏水滑移现象，模拟结果与解析解一致性高。

绘制了国外学者采用分子模拟研究，得到的水在不同孔径和润湿性纳米狭缝孔中的流动传输数据，结果见图4–7（详细条件见表4–4）。结果表明，分子模拟数据与LB模拟数据拟合程度高，证实了LB模型的有效性。

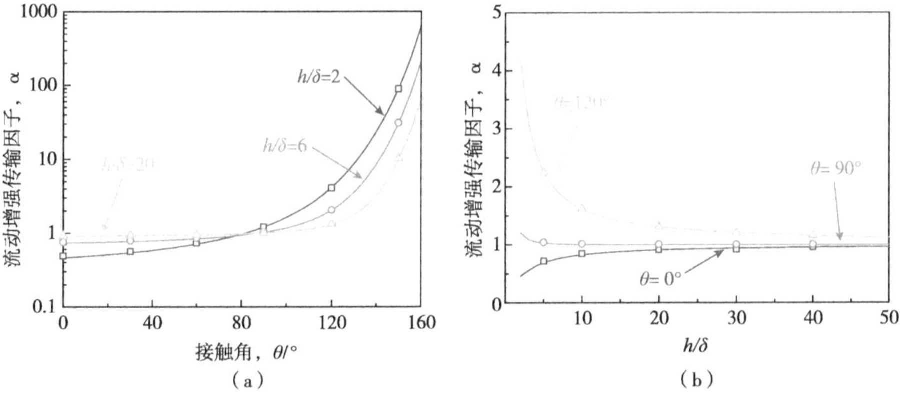

图 4-6　对比由 LB 模拟和解析解得到的传输因子与接触角和孔径大小的关系曲线

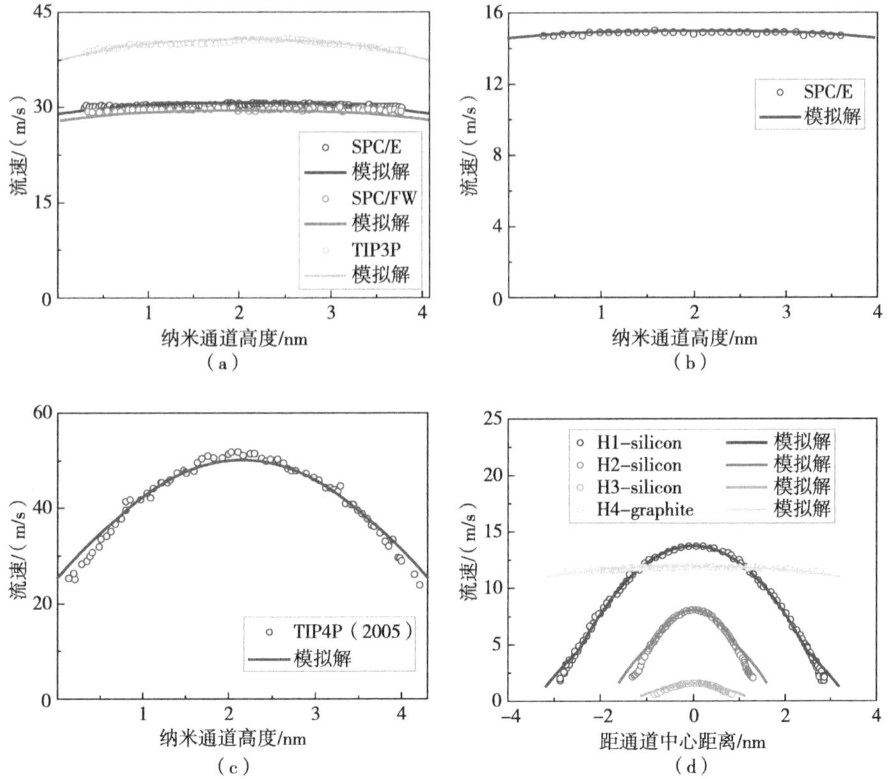

图 4-7　对比由 LB 模拟产生的狭缝内流速剖面和不同学者的分子模拟数据

表4-4　图4-7中文献数据所涉及的参数

文献	μ_b/（mPa·s）	压力梯度（Pa/m）	孔径（nm）	接触角（°）	水分子模型	壁面材质
Celebi 等	0.655	4.07×10^{14}	4.08	146.1	SPC/E	石墨烯
	0.734	4.07×10^{14}	4.08	146.7	SPC/FW	石墨烯
	0.319	4.07×10^{14}	4.08	142.7	TIP3P	石墨烯
Kannam 等	0.750	1×10^{14}	3.96	151.7	SPC/FW	石墨烯
Ghorbanian 等	0.853	1×10^{16}	4.30	114.6	TIP4P	二氧化硅
Bhadauria 等	0.660	2×10^{15}	6.34	75.5	SPC/E	硅
	0.660	5×10^{15}	3.17	75.5	SPC/E	硅
	0.660	2×10^{15}	2.22	75.5	SPC/E	硅
	0.660	1×10^{14}	6.34	146.1	SPC/E	石墨

四、粗糙孔隙流动影响因素分析

将发展的LB模型进一步扩展到水在粗糙纳米孔隙的传输规律研究。首先对沿着流动方向上的粗糙孔隙表面加密10倍，这样处理不仅能够满足网格无关性，同时也能保持原有相对粗糙度大小。为了使流动始终处于蠕动流以避免高压力梯度下涡旋现象的产生，进出口流体的密度差固定为1×10^{-5}。根据式（4-16），粗糙度 ε 可以通过改变H或σ进行调节。但实际测试中由于分辨率的限制，σ 不可能无限小。因此将σ固定为3.5 nm，通过改变孔径H的大小改变ε。此外，大量研究表明非常规储层岩石由于包含不同亲水和疏水矿物，呈现了非常复杂的润湿性，接触角范围一般为0~140°。因此在模拟中将最大接触角设定为140°。接下来研究的焦点主要集中在润湿性和粗糙表面对纳米尺度水传输的影响。

（一）润湿性的影响

岩石表面润湿性包括水湿、弱水湿和混合润湿等，与矿物类型有关。为了不失一般性，研究了不同润湿条件下，水在粗糙孔隙流动中的流速分布和传输能力特征。

如图4-8所示，粗糙表面干扰了流速分布，局部高流速集中现象出现在狭窄孔隙部分。尤其在图4-8（c）疏水情形下，观察到了3个明显的快速流动区，速度分布比图4-8（a）和图4-8（b）更加均匀。此外，临近粗糙表面区域的流速场分布（圆圈部分）反映了不同流固作用强度。$\theta = 0°$ 条件下的低速吸附层比无滑移条件下更厚。相反，在 $\theta = 140°$ 条件下，由于降低的流体黏度和显著的滑移长度，无法观察到界面区域的吸附层，而是突出的滑移速度。

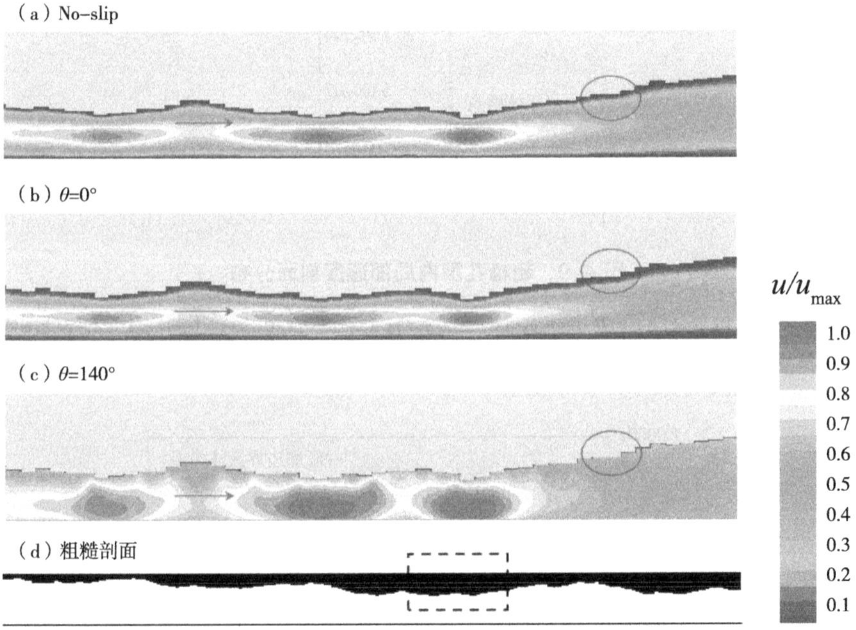

图 4-8　不同情形下粗糙孔隙局部速度场分布

（a）为无滑移条件，（b）$\theta = 0°$，（c）$\theta = 140°$，（d）为完整的粗糙纳米孔隙剖面，虚线框为流场显示区域（$D = 1.2$ 和 $\varepsilon = 0.3$）。

为了更好地认识水在纳米孔隙的传输特征，提取了孔隙相同位置但不同润湿条件下的流速分布，见图 4-9（a）。发现在 $\theta = 0°$ 时，流速比无滑移条件下更低，说明强亲水壁面抑制了水的流动，对传输能力带来不利的影响，这与理论相一致。而对于疏水表面，水的传输能力被增强，界面出现了显著的滑移现象。除此之外，孔隙下部的光滑壁面流速总是高于顶部的粗糙表面的流速，与表面润湿性无关。从图 4-9（b）可知，尽管不同位置处流固作用强度相同，但光滑壁面处滑移速度并不一致。速度的差异与沿着流速方向上压力的非线性分布有关，进一步的证据见图 4-10。

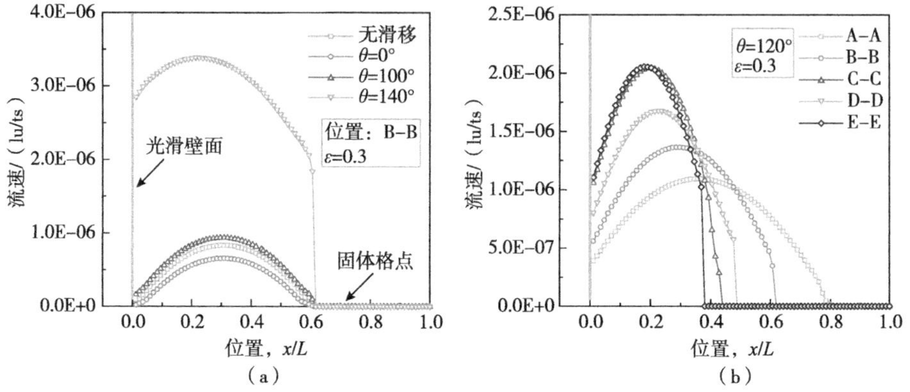

图 4-9 粗糙孔隙内局部速度剖面分布

（a）不同接触角条件下，B-B 位置处的速度剖面；（b）$\theta = 120°$ 时，不同位置处的速度剖面分布；速度以格子单位显示，lu 和 ts 分别代表格子长度和时间；D=1.2，ε=0.3

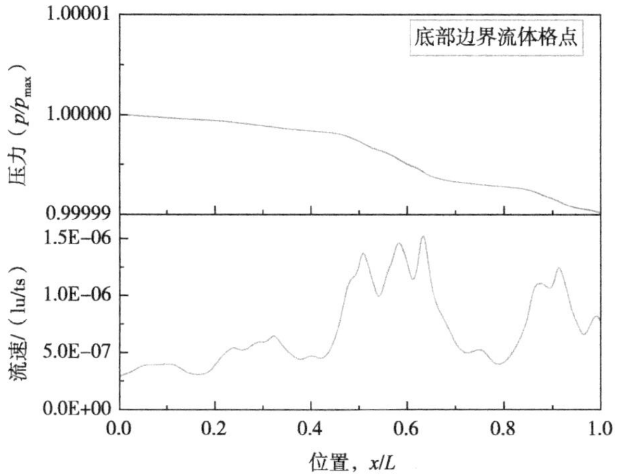

图 4-10 临近光滑壁面边界节点沿着流动方向速度和压力的变化

$\theta = 120°$ 、$D = 1.2$ 和 $\varepsilon = 0.3$ ；p、p_{max} 分别指压力和最大压力

对于规则均质结构模型，压力从进口到出口理论上应该是线性下降的，也即进出口压力梯度为定值。然而粗糙表面的存在导致了压力的非线性下降和压力梯度的波动分布，图 4-10 解释了边界节点流速的无规律分布。

图 4–11 显示了水在粗糙和光滑纳米孔隙传输能力与润湿性的关系，发现无论是光滑还是粗糙孔隙，传输因子 α 随着接触角的增大而逐渐升高。在亲水条件下（$\theta < 90°$），α 略微小于 1，显示了纳米受限效应并不重要。而当 $\theta > 90°$ 时，α 变化得明显。传输能力下降现象出现的主要原因是界面层黏度的升高，此时虽也有流体滑移，但是滑移长度几乎可以忽略（式 4–2）。对于疏水表面，随着 θ 的增大，流体滑移长度与孔径相当，成为水快速传输的主要机理。

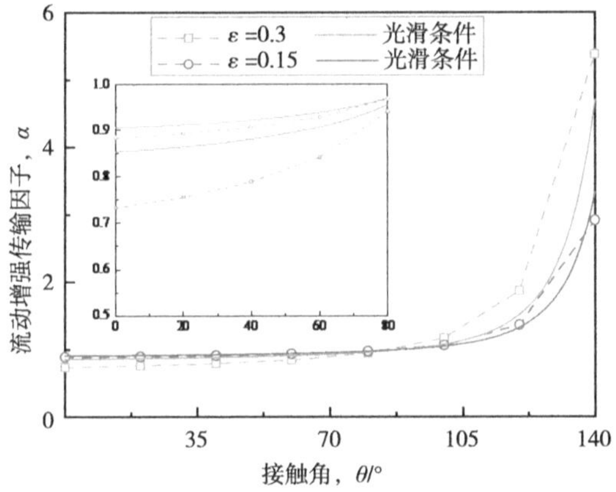

图 4–11　光滑和粗糙孔隙中传输因子 α 随着接触角 θ 的变化趋势

在 $\theta < 80°$ 时，粗糙孔隙的传输因子小于光滑孔隙（见图 4–11 插图部分），说明了粗糙表面进一步减弱了水的传输能力。当 ε 变小时，粗糙和光滑纳米孔隙传输因子 α 的差异逐渐变小。而当 $\varepsilon = 0.15$ 和 $\theta = 140°$ 时，疏水条件下粗糙孔隙的传输因子反而大于光滑孔隙，原因可能是岩石粗糙表面在局部减小了孔径，造成了 α 值的增大。但与此同时，由于流体分子与固体壁面更强的碰撞造成了严重的黏性耗散，使得传输能力下降。水在粗糙孔隙中传输能力受两个因素的共同影响。

（二）粗糙孔隙表面的影响

对于粗糙表面，主要研究相对粗糙度与分形维数的影响。考虑到 σ 是给定的常数，孔径越小，粗糙度越大。因此相对粗糙度的变化，也反映了孔径的变化。定义无量纲渗透率 K^* 用于定量评价粗糙表面引起的流动阻力的影响，即 $K^*=K_{rough}/K_{smooth}$。其中，K_{rough} 和 K_{smooth} 分别为粗糙和光滑孔隙的达西渗透率，光滑孔隙与粗糙孔隙具有相同的孔径。

α 和 K^* 随相对粗糙度 ε 的变化趋势见图 4–12，当 ε 非常小时，不同润湿条件下传输因子都接近于 1，这是由大孔径的粗糙孔隙纳米尺度效应减弱造成的。在 $\theta = 140°$ 时，随着 ε 的增大，α 也逐渐增大。但在 $\theta = 0°$ 时，出现了相反的变化趋势。原因是当滑移长度或界面长度与孔径大小相当时，纳米受限效应变得显著。另外对于亲水纳米孔隙，α 随 ε 的变化不太明显，与疏水孔隙条件变化规律不同。在 $\theta = 90°$ 时也发现了类似的变化规律，说明亲水条件下相对粗糙度的变化对传输能力影响不大。

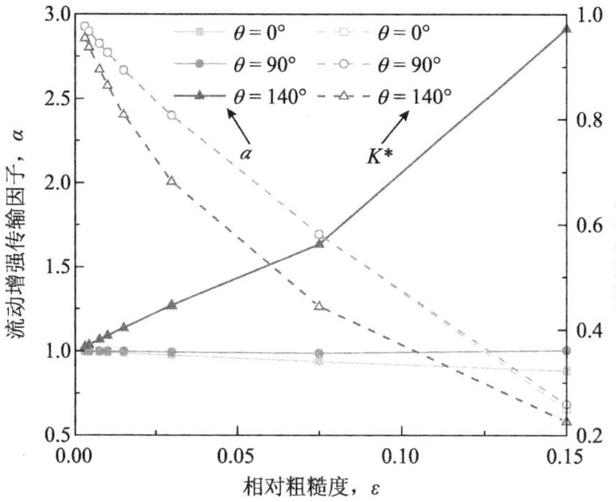

图 4–12　相对粗糙度 ε 对传输因子 α 和无量纲渗透率 K^* 的影响（$D = 1.2$）

粗糙度增加了水在粗糙孔隙中的流动阻力，随着粗糙度的增大，不同润湿条件下无量纲渗透率 K^* 均呈现大幅的下降。在疏水条件下，K^* 的下降更为明显，这可能是由水在疏水条件下流速更快，流体分子与粗糙壁面的碰撞造成了更高能量的损失所致。

由图 4–13 可知，α 和 K^* 随分形维数 D 的变化趋势。对于 $\theta = 0°$ 和 90° 两种情形，随着 D 的增大，α 几乎保持不变，说明粗糙孔隙流动传输因子 α

对分形维数 D 的变化不敏感。当 $\theta = 140°$ 时，α 首先逐渐降低，随后有着小幅的升高。尽管如此，α 这种非单调性变化的幅度并不大。此外，无量纲渗透率随着 D 的升高，单调降低。润湿性对 K^* 的影响在 D <1.2 范围内不是单调的，这种现象与粗糙孔隙结构特征强烈相关。相比分形维数，K^* 和 α 两者受相对粗糙度影响更大，主要原因是：分形维数只控制着粗糙表面的结构特征而不改变孔径大小，故只影响近壁面区域的流体流场，而对体相流体流动行为影响较小。在针对气体滑脱流和过渡流的研究工作中也发现了与之类似的结论。

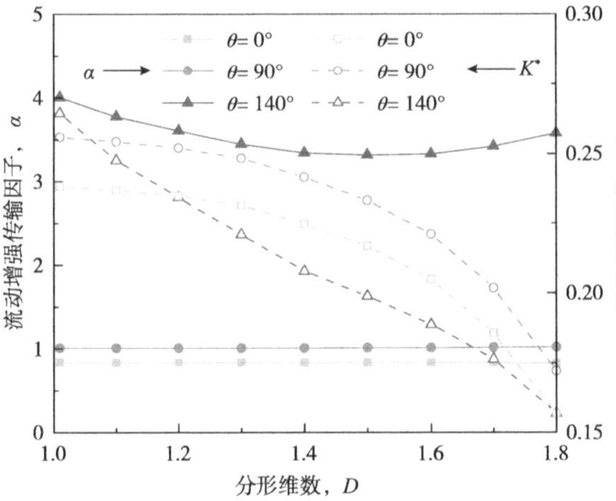

图 4-13　分形维数 D 对传输因子 α 和无量纲渗透率 K^* 的影响（$\varepsilon = 0.2$）

（三）液体渗透率经验模型

上述对水在不同润湿性和粗糙表面条件下的传输特点已经做了初步的探索。在此将探索是否存在一个简单易用的渗透率预测模型——能够将不同影响与粗糙孔隙的液体渗透率建立联系。为提供更多数据，额外进行了多个条件下的流动模拟。

全面掌握纳米尺度液体传输规律是极其困难的，目前的工作主要集中在对模拟水在规则几何如狭缝孔和圆形孔中的流动特征的认识上，针对纳米多孔介质的研究非常稀缺。为了将理想孔隙渗透率扩展至多孔介质，其中一个简单的渗透率预测模型为，

$$K_{\text{rough}} = \frac{\phi}{\tau_t} K_{\text{smooth}} = \frac{\alpha\phi h^2}{3\tau_t} \tag{4-35}$$

式（4–35）只引入了孔隙度 ϕ 和迂曲度 τ_t 的影响。考虑到所有的粗糙孔隙具有相同的 σ，因而可以假设所有孔隙具有相似的迂曲度 τ_t。基于此，K^* 应该正比于 ϕ，即 $K^* \propto \phi$。然而采用该式进行线性拟合的效果非常差（这里不再展示），意味着采用式（4–35）来预测纳米孔隙液体渗透率可能是不准确的。

Jin 等最近考虑了表面粗糙度、水力和表面迂曲度的影响，建立了粗糙裂缝的渗透率预测模型，

$$K_{\text{rough}} = \frac{\phi}{f_\sigma \tau_c^2} K_{\text{smooth}} \tag{4-36}$$

式中，τ_c 为迂曲度，结合了表面迂曲和水力迂曲的影响；f_σ 为表面粗糙因子。

f_σ 存在半经验化关系式，表示为，

$$f_\sigma = 1 + m\varepsilon^n \tag{4-37}$$

式中，m 为拟合参数，与粗糙几何有关；n 为拟合参数，与粗糙几何有关。

进一步将式（4–37）代入式（4–36）可以得到，

$$K^* = \frac{a\phi}{1 + m\varepsilon^n} \tag{4-38}$$

式中，a 为拟合参数，暗含了迂曲度 τ_c 的影响。

不同润湿性条件下的模拟数据和由式（4–38）进行拟合后的结果，见图 4–14。可以发现尽管提出的预测模型在不同情形下均有较高的拟合程度，相关系数均大于 0.98，但不同情形均对应不同的拟合参数。为简化处理，尝试用式（4–38）拟合所有的模拟数据，此时的拟合结果依然令人满意［见图 4–14（d）］，说明式（4–38）的确可以用来表征纳米粗糙孔隙的液体渗透率。

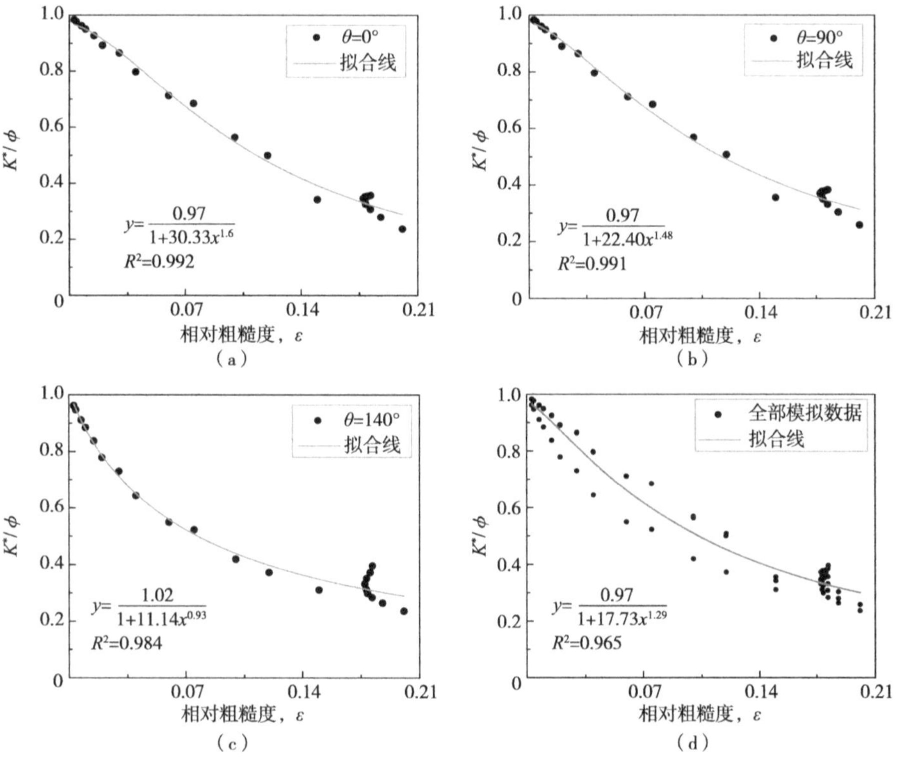

图 4-14　不同条件下采用公式（4-38）的拟合结果

最终得到粗糙纳米孔隙渗透率预测模型，

$$K_{\text{rough}}=\frac{0.97\alpha\phi h^2}{3+53.19\varepsilon^{1.29}} \tag{4-39}$$

第三节　盐溶液在纳米狭缝孔中的传输规律研究

地层水并不是纯水，而是一种电解质溶液。不同形状的纳米孔隙在非常规储层广泛发育，盐溶液在致密岩石基质中的流动传输现象普遍存在，但目前对此现象的认识仍然不够。溶液离子在低矿化度水驱过程中，可能会改变岩石表面的润湿性，也会在压力驱动条件下，由于电黏性效应而产生更大的流动阻力。此外，扩散双电层结构也会改变水分子在界面处的分布特征，对水的黏度和密度产生重大影响。溶液离子对纳米孔隙中水的流动的影响是否重要取决于孔径大小、离子的类型、扩散系数和浓度等。截至目前，无论是定量还是定性考虑离子效应的水溶液流动规律研究，都相对不足。实际上，即使对于纯水的纳米尺度传输研究，依然存在尚未解决的问题。

本节的主要研究目的是考虑纳米受限效应对通道离子浓度和流体黏度分布的影响，阐述溶液在纳米孔隙中的传输特征。首先简述了数值模拟的主要理论，在对模型进行验证后，探讨了在不同的离子浓度和孔径条件下，纳米孔隙无量纲表观渗透率的变化规律。与此同时，评价了 EVE 和变界面黏度效应（Varying Interfacial Viscosity Model, VIVM）对总流动阻力的相对贡献，讨论了液体在纳米孔隙中的水动力行为以及对实际储层开发的启示，评价了文章所用耦合模型的局限性和应用能力。

一、溶液通道传输理论

考虑了在压力驱动条件下，对称 1∶1 电解质溶液在狭缝孔隙中的稳态流动，如图 4–15 所示。

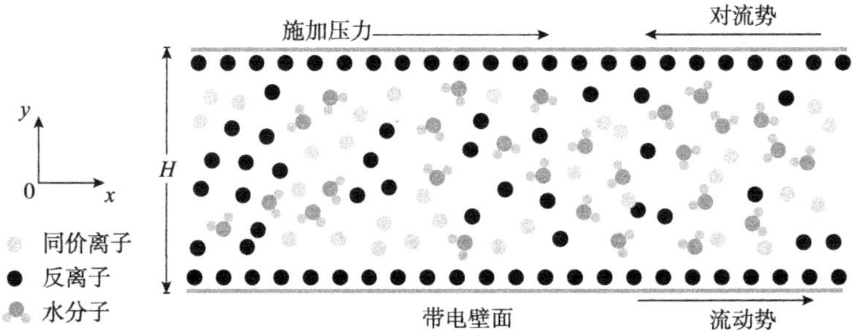

图 4–15　纳米狭缝孔中电黏性流动示意图

狭缝内电势的分布由 Poisson 方程进行表征，

$$\frac{d^2\psi}{dy^2}=-\frac{\rho_e}{\varepsilon_0\varepsilon_r} \tag{4-40}$$

式中，ψ为静电势；ε_0为真空介电常数；ε_r为水的相对介电常数。

在温度为 300 K 时，ε_r取值为 81。研究表明，通道内介电常数ε_r的变化对离子浓度分布影响较小，因此本研究将其设定为常数。电荷密度ρ_e的计算公式为，

$$\rho_e=\sum_i ez_i n_i \tag{4-41}$$

式中，e为元电荷；z_i为化合价；n_i为第i个组分分子数浓度，M。

在纳米尺度下，水分子—离子、壁面—离子和离子—离子之间作用力对离子和水浓度的分布具有重要影响，不可忽略。例如在亲水条件下，液体和离子在靠近壁面处将会形成层状结构，采用传统泊松－玻尔兹曼方程（Poisson Boltzmann, PB）很明显无法捕捉其复杂机理。基于热动平衡理论，Qiao 和 Aluru 引入了电化学势项以处理离子结构的影响，提出了修正 PB 模型（modified Poisson Boltzmann, MPB），离子浓度可表示为，

$$n_i=n_{i,\infty}\exp\left(-\frac{ez_i\psi}{k_BT}\right)\exp\left(-\frac{\phi_{\mathrm{ex},i}}{k_BT}\right) \tag{4-42}$$

式中，$n_{i,\infty}$为第i个组分体浓度，M；k_B为 Boltzmann 常数，J /K；T为温度，K；$\phi_{\mathrm{ex},i}$为电化学势修正项，J。

通过结合式（4–40）~式（4–42）可以将$\phi_{ex,i}$从相应的分子模拟数据中抽提出来，详细处理步骤见文献。注意到当$\phi_{ex,i}$为 0 时，将式（4–42）代入式（4–40）即可得到经典的 PB 模型，

$$\frac{d^2\psi}{dy^2}=\frac{2n_\infty ze}{\varepsilon_0\varepsilon_r}\sinh\left(\frac{ze\psi}{k_BT}\right) \tag{4-43}$$

在同时存在压力梯度和电场作用力时，纳米通道中的流体流动可以通过修正的 N–S 方程进行表征，

$$\frac{d^2u}{dy^2}=-\frac{P_x}{\eta}-\frac{E_s}{\eta}\rho_e \tag{4-44}$$

式中，P_x 为沿着 X 方向上的压力梯度，Pa/m； η 为流体黏度，mPa・s；E_s 为流动电势产生的电场梯度，V/m。

设定 $P_x=0$，式（4–44）则可以用来描述纳米通道的电渗流。

临近亲水孔隙表面会出现水分子定向排列和吸附的现象，这种现象在纳米受限条件下尤其明显。此外，带电壁面和离子会改变通道内流体的传输特征。静电力有利于层状水分子结构的形成，更高的电荷密度会使水分子更加靠近界面。流固界面区域水分子排列得越紧密，壁面水的黏度也会越大。宏观尺度和微米尺度下，通常将流体黏度设定为定值的处理方式很明显并不适用于纳米尺度，在该尺度下必须考虑流体黏度的变化。过去有研究认为，界面处水黏度的增大可能与高电场强度、层状水分子分布和壁面局部高离子浓度有关，然而目前尚未有广适性理论能够考虑所有机理。Bazant 等提出一个电荷诱导黏度增大模型来反映纳米孔隙中溶液黏度的变化，

$$\eta=\eta_b\left[1-\left(\frac{|\rho_e|}{\rho_{e,\max}}\right)^n\right]^{-m} \tag{4-45}$$

式中，η_b 为体相黏度，mPa・s；$\rho_{e,\max}$ 为对应着最大离子浓度净电荷密度，给定为 $|z_i|e/a^3$；a 为有效离子尺寸，m；n 为黏度系数，控制液体流变；m 为黏度系数，控制液体流变。

值得注意的是，尽管 VIVM 模型最初被提出是用来考虑较大电荷密度和离子尺寸的影响，但 Bazant 等提到，该模型具有广泛的应用范围。通过改变拟合参数，VIVM 模型也能捕捉其他物理因素的影响，如分子阻塞、静电关联和溶剂化影响等。此外，根据式（4–45）可知，VIVM 模型只捕捉了双电层内流体黏度的变化，流体在双电层结构外部呈现出体相行为。

在稳态流动条件下，通道内总的净传导势 I 等于 0，意味着，

$$I = I_s + I_c = 0 \tag{4-46}$$

式中，I_s为传导势，A；I_c为流动势，A。

式（4–44）中的E_s项可以通过下式得到，

$$E_s = -\frac{\int_{-H/2}^{H/2} \rho_e u(y) dy}{\lambda_{eff} H} \tag{4-47}$$

式中，H为通道宽度，m；u为流体流速，m/s；λ_{eff}为流体通过通道的有效电导率，S/m。

λ_{eff}表示为，

$$\lambda_{eff} = \frac{1}{H}\int_{-H/2}^{H/2} \lambda dy \tag{4-48}$$

电解质溶液电导率λ的计算公式为，

$$\lambda = \sum \frac{z_i^2 e^2 D_i n_i}{k_B T} \tag{4-49}$$

式中，D_i为第i个组分的扩散系数，m^2/s。

之前不少研究将电导率设定为固定值，而实际上电导率与所用的离子类型、离子浓度和Zeta电位有关，这里电导率的计算考虑了所有离子的贡献。

通道内电势和电荷密度分布可以由MPB模型计算得到，流速剖面由修正N–S方程得到。模型求解所需的边界条件如下，

$$\frac{d\psi(y)}{dy}\Big|_{y=\pm H/2} = \frac{\sigma_s}{\varepsilon_0 \varepsilon_r} \tag{4-50}$$

$$u(y)\Big|_{y=\pm H/2} = 0 \tag{4-51}$$

式中，σ_s为表面电荷密度，C/m^2。

式（4–51）为对应于亲水孔隙条件下的无滑移边界条件。除此之外，模型的进口和出口施加恒定的压力梯度。考虑到多物理场传输模型的高度非线性化和强耦合作用，使用LB模型求解反而不如传统CFD方法的执行

效率高，因此采用商业软件 COMSOL（基于有限元方法）进行模型求解。

二、模型验证

在开展后续模拟之前，首先对数值方法进行模型验证。对于狭缝孔隙内 1 ： 1 对称电解质溶液的稳态流动，孔道内电势分布存在解析解，

$$\psi = \frac{4\zeta}{\alpha}\tan h\left[\tan h\left(\frac{\alpha}{4}\right)e^{-\kappa(h-y)}\right] \tag{4-52}$$

式中，α 为变量，$ze\zeta/k_BT$；h 为通道半宽，m；κ 为德拜长度的倒数，表示为 $\sqrt{2n_\infty z^2e^2/\varepsilon_0\varepsilon_r k_BT}$ 以粗略地评价双电层厚度。

κh 表示为通道半宽与双电层厚度的比值，能够用来反映电动效应的影响程度。通道内速度分布可以对公式积分两次后获得，

$$u(y) = \frac{P_x}{2\eta}\left(h^2 - y^2\right) - \frac{\varepsilon_0\varepsilon_r}{\eta}E_s(\zeta - \psi) \tag{4-53}$$

上式中除流动电势产生的电场梯度 E_s 未知外，其他均为已知量。由于控制方程的复杂性，无法给出 E_s 的解析表达式。基于 Debye-Huckel 近似，即 $|ze\zeta/k_BT| \leqslant 1$，公式中的 $\sin h(ze\zeta/k_BT)$ 项可以近似给定为 $ze\zeta/k_BT$。因此得到 E_s 的表达式为，

$$E_s = \frac{\varepsilon_0\varepsilon_r\zeta P_x\left[1 - \tan h(\kappa h)/(\kappa h)\right]}{\eta\lambda_{eff} + \frac{\eta\lambda_{eff}}{4}\left(\frac{ze\zeta}{k_BT}\right)^2(A+B) + \frac{\kappa^2\varepsilon_0^2\varepsilon_r^2\zeta^2}{2}(A-B)} \tag{4-54}$$

式中，A 为中间参数，$\tan h(\kappa h)/\kappa h$；$B$ 为中间参数，$1/\cos h^2(\kappa h)$。

一旦得到 E_s 的表达式，便可容易求得通道内流体速度剖面。为了方便模型验证，流体的黏度和电导率都设定为常数，分别为 0.743 mPa · s 和 4×10^{-6} S/m。离子摩尔浓度为 10^{-6} M，离子数浓度 n_∞ 与摩尔浓度之间的关系式为 $n_\infty = c_\infty \times N_A$，其中 N_A 为阿伏伽德罗常数。溶液相对介电常数为 81，

温度为 300 K，压力梯度为 1 MPa/m。

借助数值方法与解析解得到了孔隙内电势和速度剖面分布，绘制于图 4–16。从图 4–16（a）可以发现在不同 Zeta 电位条件下，数值结果与解析解完全重合。图 4–16（b）显示了不同条件下得到的速度剖面均低于经典 HP 流速，说明电黏性效应确实额外增加了流动的阻力。在低 ζ 下，数值解与理论解吻合良好。然而，随着 ζ 的增加，数值解与解析解之间的差异越来越大。Debye–Huckel 理论过高预测了流体流速，这是由 Debye–Huckel 近似理论只在低 ζ 条件成立造成的。综合以上对比分析，模型的有效性得到了验证。另外，本书提到的纳米孔隙和纳米通道具有相同的意义，只是在不同学科间存在称呼上的差异。

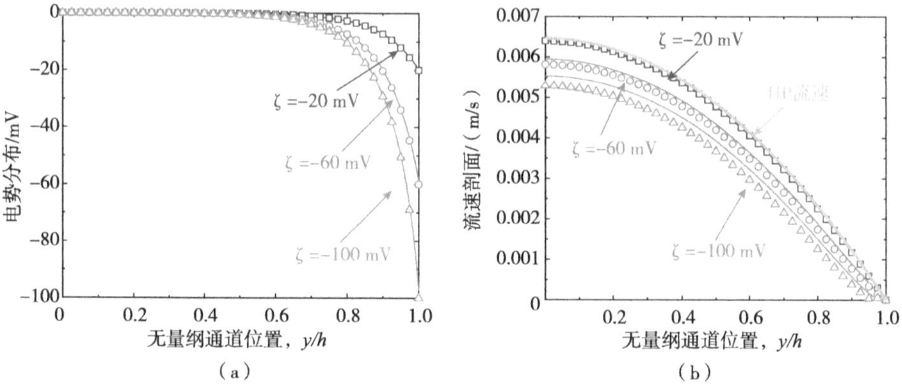

图 4–16　狭缝孔内（a）电势和（b）流速剖面模拟结果（由空心符号表示）与解析解（由实线表示）对比结果

接下来将进一步阐述 MPB 模型在纳米狭缝孔电动传输中的应用。尽管 MPB 模型能够考虑靠近带电壁面离子的波动性分布，但公式中的电化学项很难获取，目前可行的获取方法是从相应的分子模拟电动流数据中提取。选取了 4 组溶液在狭缝孔隙中的电渗流动分子模拟数据作为基准来抽提电化学修正项目，关于详细的分子模拟参数见表 4–5。需要说明的是，案例 1 的分子模拟数据来源于相关文献，而实际上分子模拟却是由 Qiao 和 Aluru 实施完成，但作者并没有在其文献中提供详细的数据。此外表 4–5 中 Zeta

电势由 Grahame 方程粗略计算得到。

表4-5 不同条件下分子模拟参数总结

案例号	H /nm	σ_s/C/m^2	溶液	c_0/M	κh	T /K	ζ/mV	参考文献
1	3.49	0.08	KCl	0.600	4.36	300	40.4	Qiao 和 Aluru
2	3.49	0.13	NaCl	0.179	2.38	300	86.5	Qiao 和 Aluru
3	3.49	−0.13	NaCl	0.214	2.6	300	−82.2	Qiao 和 Aluru
4	6.00	−0.178	NaCl	1.460	11.69	300	−53.6	Rezaei 等

选择上述分子模拟数据的主要原因是：（1）不同条件下的 κh 值均大于 1，说明未发生双电层重叠的现象，确保了 PB 模型的有效性。（2）储层岩石含有多种矿物（亲水或者疏水），当与溶液接触时岩石表面通常带有正 / 负电荷。分子模拟中使用的纳米孔隙壁面由硅元素组成，满足了亲水条件下的无滑移边界条件。（3）岩石壁面 Zeta 电位通常较低，对应于低表面电荷密度，与表 4–5 所示数据相似。（4）两种常见溶质 KCl 和 NaCl，是地层水的主要组成部分。

由 MPB 模型获得的离子浓度分布呈现于图 4–17（a）（c）（e）（g）中，原始分子模拟数据同样绘制于图中作为对比。可以发现，数值模拟获得的离子浓度分布与分子模拟结果一致性很高。图 4–17 右半部分为不同条件下电化学修正项的分布，反映了离子在壁面附近的波动分布特征。远离壁面处的 $\phi_{ex,i}$ 值接近于 0，这是由于固体分子—离子之间为短程力控制，对体相区域不会造成太大影响。

接下来需要确定 VIVM 模型中拟合参数 n 和 m 的值。分子模拟使用的流体黏度和电场梯度的值见表 4–6。所有条件下溶液黏度设定为定值，与 Qiao 和 Aluru 的研究一致。尽管离子溶液的黏度与离子类型和浓度均有关系，但在低浓度范围内液体黏度一般变化不大。此外，目前采用的离子溶液黏度模型通常为经验公式，涉及多个拟合变量，因而应用范围有限。简单起见，将溶液体相黏度设为定值，黏度的变化特征由模型参数 n 和 m 反映。离子尺寸效应使得水分子或离子不可能无限接近壁面，表 4–6 中 L_0 的值代表实际模拟中无滑移面与壁面的距离，与溶液离子大小相近。目前尚未有方法能够精确得到L_0值，因此本节使用的L_0值均来自对分子模拟数据的直接观察。案例 1 和案例 2 中，反离子 Cl^- 尺寸为 0.121 nm，案例 3 和案例 4 中 Na^+ 有效尺寸为 0.184 nm。最终通过拟合电渗流速度剖面，得到了不同条件下 *n* 和 *m* 的值，见表 4–6。

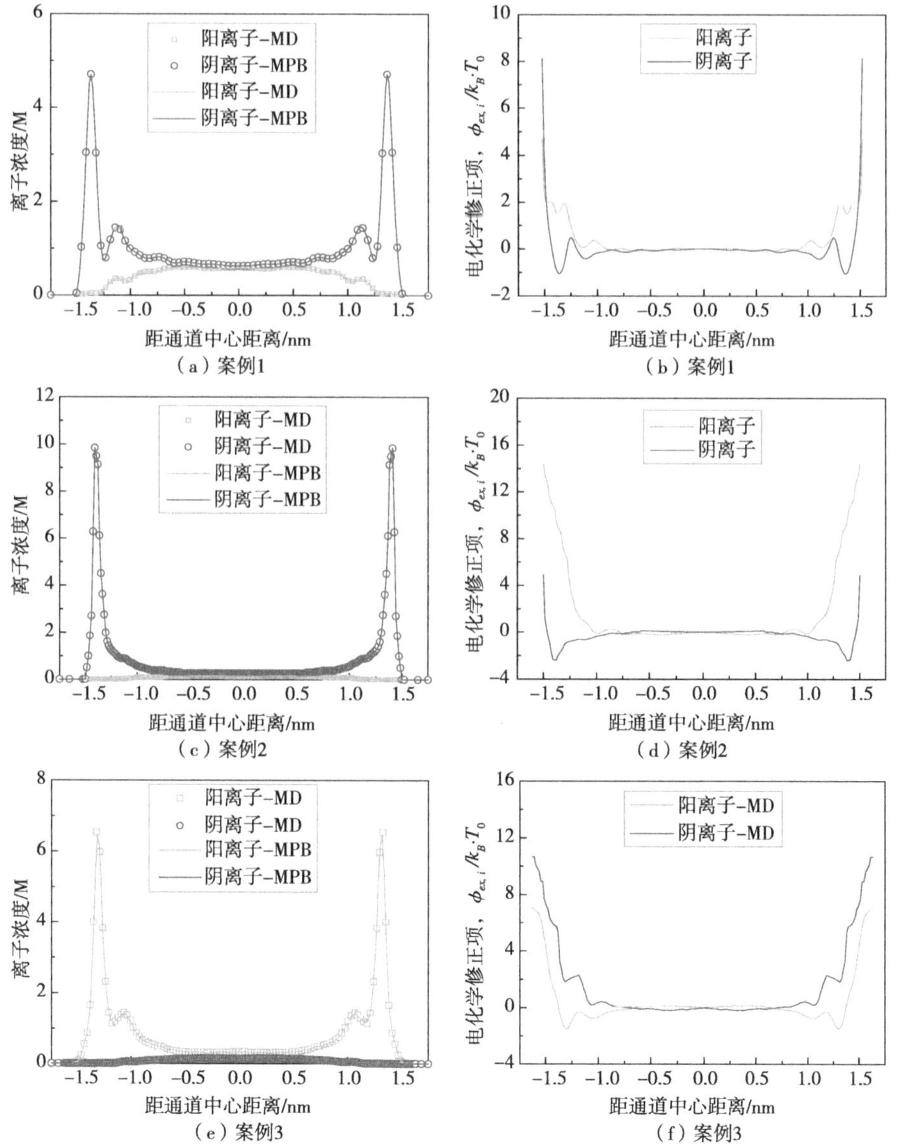

图 4–17　对比由数值模拟和解析解得到的不同条件下通道内电势和电化学修正势分布

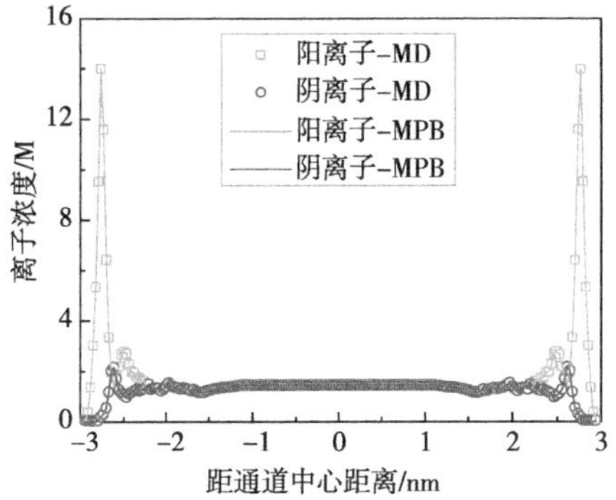

（g）案例 4

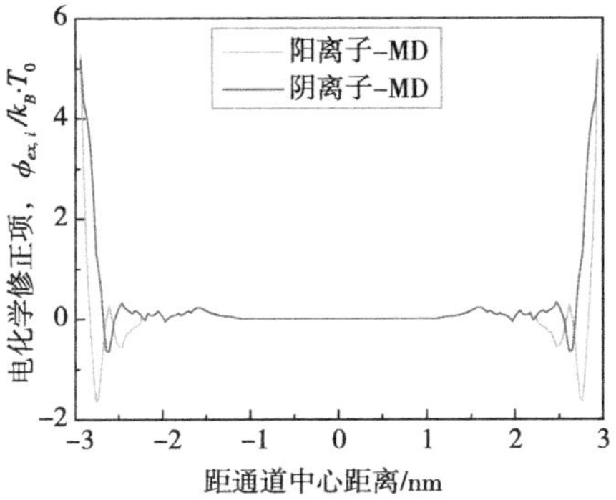

（h）案例 4

图 4–17　对比由数值模拟和解析解得到的不同条件下通道内电势和电化学修正势分布（续）

表4–6　电渗流模拟和VIVM模型参数

案例号	体相黏度 /mPa · s	L_0 /nm	m	n	电场强度 /（V/nm）
1	0.743	0.225	4	0.26	–0.2
2	0.743	0.245	4	0.33	–0.36
3	0.743	0.120	4	0.62	0.25
4	0.743	0.060	4	0.90	0.55

一旦取得模型输入参数后，就可得到狭缝孔隙内电渗流流速分布。图 4–18 对比了分子模拟数据、所用耦合模型与 Qiao 和 Aluru 等提出的恒定黏度模型获取的流速剖面。可以明显看出，本书模型在不同情形下得出的结果与原始数据吻合良好，而恒定黏度模型与分子模拟结果出现了较大的偏差，尤其是对于表面带正电荷的孔隙。值得一提的是，壁面带负电时的分子模拟结果与恒定黏度模型之间差异不大，说明壁面电性对流体黏度具有重要的影响，主要原因可能是当表面电性为正时，在界面区域水分子的氢键作用增强。此外，壁面黏度增大的程度也与表面电荷密度有关。

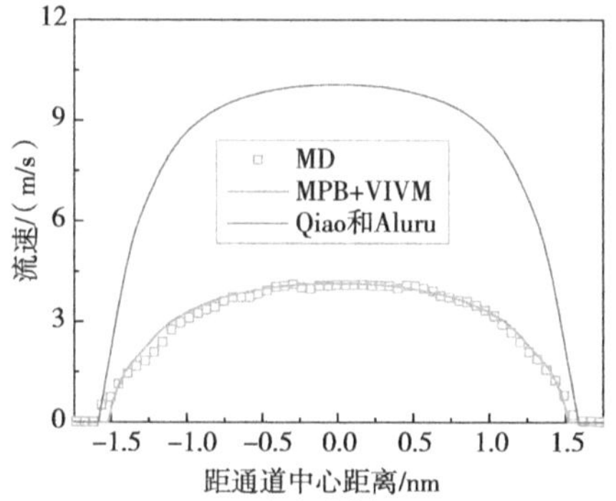

（a）案例1

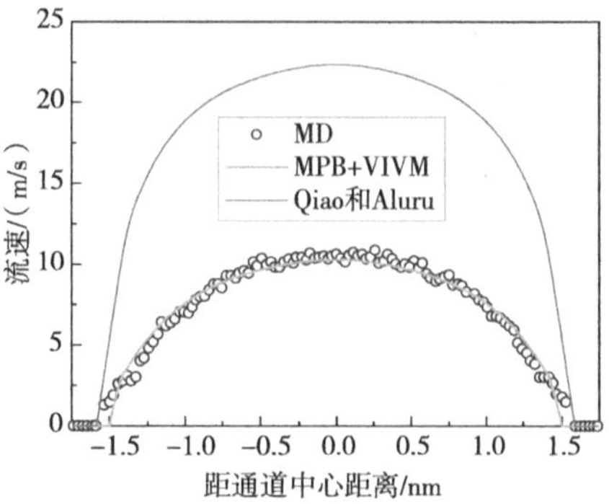

（b）案例2

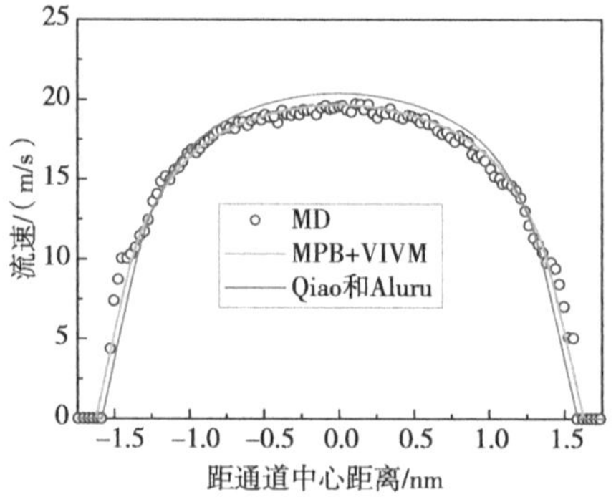

（c）案例3

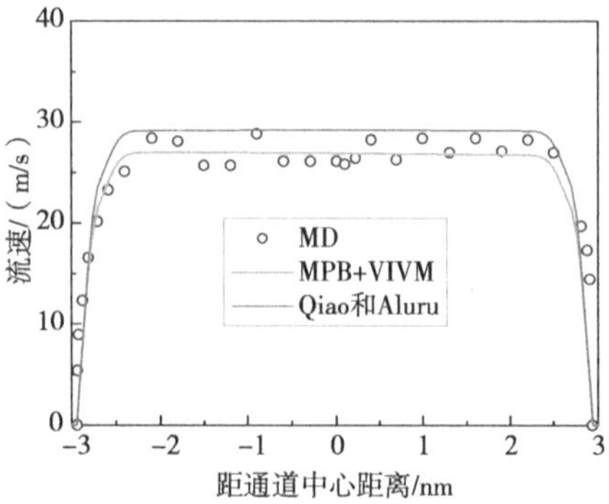

（d）案例4

图 4-18　不同条件下，模拟获得的电渗流速与分子模拟和 Qiao 和 Aluru 模型预测结果的对比

三、溶液传输模型的讨论与假设

Viscoelectric 模型为另一个广泛用于表征电动传输过程中流体黏度模型。针对稀溶液，该理论考虑了电场对流体黏度的影响，但忽略了离子浓度和类型的影响，其主要缺陷为模型本质上是一个恒定黏度模型，未考虑纳米尺度下流体黏度在壁面分布的波动特征。文献中提到很少有数值结果或者实验数据验证该模型的有效性。然而，VIVM 模型考虑了受限条件下流体黏度的变化特征，复原了狭缝孔隙中流体的速度剖面。

另外需要指出的是，电渗流由电场驱动，而电黏性流为压力驱动。因而由电渗流获得的液体黏度可能包含了电场强度的影响。Celebi 和 Beskok 开展了浓度为 1 M 的 NaCl 溶液在表面电荷密度为 –0.082 C/m^2 的纳米狭缝孔隙中的电黏性流动分析。在对流速剖面进行拟合得到实际流体黏度后，进一步将黏度代入模型得到了电场梯度为 0.1~0.25 V/nm 的电渗流流速剖面，其结果与分子模拟结果高度一致，该发现说明流体黏度可能受电场的影响较小。Wu 和 Qiao 指出在不同表面电荷密度下，电渗流模式下获得的流体黏度均大于压力驱动条件，两者之间的差异随着表面电荷密度的增大而增大，但两者差异不超过 10%。此外，两种黏度在远离带电壁面区域几乎一致，总结出溶液黏度增大的主要机理是侧向上离子滞留在壁面原子之间的间隙中，造成了用于流体流动驱动力的部分损耗。不幸的是，这种现象无法通过定量的关系式进行表征。

鉴于此，为进行后续模拟研究，在此提出必要的假设条件：（1）从电渗流中提取出的电化学势项可以直接用于表征电黏性流动中离子浓度和静电势的分布，原因是 MPB 模型与修正 N–S 方程并不是耦合的。此外，电场强度造成的介电效应并不显著，因此不考虑介电常数的变化。（2）假设电化学势修正项 $\phi_{ex,i}$ 与体溶液浓度无关，MPB 模型只在稀溶液条件下成立。（3）VIVM 模型获取的黏度可用于研究纳米通道中的电黏性流动。（4）VIVM 中的两个重要参数 m 和 n 只与表面电荷密度、离子—壁面和流体分子—壁面作用等因素有关。这样的假设是合理的，因为临近带电壁面的流体黏度由局部性质决定，当狭缝宽度增大或离子浓度变化不大时，对流体黏度不会产生太大影响。

四、狭缝孔隙盐溶液流动影响因素分析

基于以上分析，获取了电化学势修正项 $\phi_{ex,i}$ 和 VIVM 模型所用参数之后，将其扩展至不同影响因素条件下纳米通道中的电黏性流动。主要聚焦于研究离子浓度和孔径对流体电动传输的影响，在模拟过程中设定合适的孔径和离子浓度以确保不会发生双电层重叠。此外，Na^+、K^+ 和 Cl^- 的扩散系数分别为 1.334×10^{-9} m²/s、1.957×10^{-9} m²/s 和 2.032×10^{-9} m²/s。

（一）离子浓度的影响

采用的溶液离子浓度为 0.1~0.6 M，与实验研究通常采用的浓度范围一致。对不同条件下得到的电化学势修正项进行标定，使其对应于 10 nm 的纳米孔隙。定义无量纲表观渗透率（Dimensionless Apparent Permeability, DAP），即 K_{app}/K_{int}，以定量地评价流体在纳米孔隙中的传输能力；这里 K_{app} 为狭缝孔隙的表观渗透率，K_{int} 为本征渗透率，计算公式为 $H^2/12$。考虑到储层中流体压力梯度较低，模拟中的压力梯度不超过 1 MPa/m。

图 4–19 显示了不同表面电荷密度条件下，离子浓度对纳米狭缝孔隙中溶液传输能力的影响。从图 4–19（a）可以看出，随着离子浓度的增大，DAP 逐渐升高。其主要原因为双电层厚度变得越来越薄，削弱了电黏阻力和壁面流体黏度的增大效应。与带负电荷壁面相比，正电荷壁面对流体 DAP 的影响更大。具体来说，案例 1 和案例 2 条件下的孔隙 DAP 低于案例 3 和案例 4。在 c_0=0.1 M 时，狭缝孔隙渗透率下降了近 50%，而对于案例 3，最大渗透率下降约 30%。表面电荷密度越低，流动阻力也越大。但由于只考虑了 4 个案例，因此该结论需进一步研究证实。此外，发现在壁面带负电荷条件下，孔隙 DAP 对离子浓度变化更敏感。

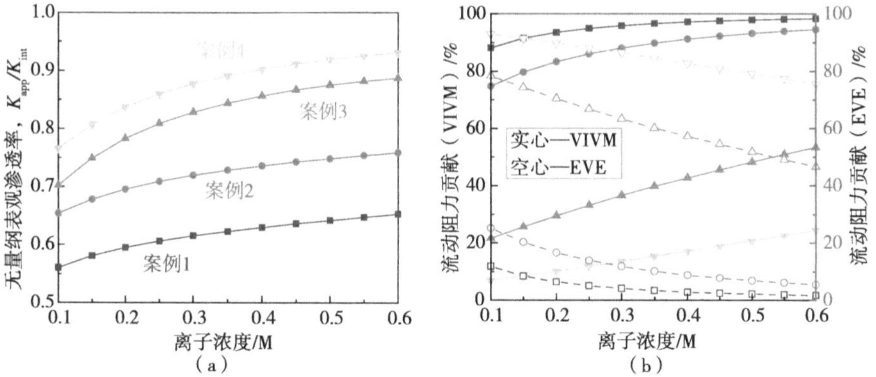

图 4–19 （a）无量纲表观渗透率随离子浓度变化曲线；（b）随着离子浓度的增大，VIVM 和 EVE 效应对流动阻力的贡献变化曲线

电动传输的阻力主要来自 EVE 效应和 VIVM 效应，需要说明的是，这里提到的流动阻力是指相比经典 HP 流动模式额外增加的流动阻力。图 4–19（b）为不同浓度下两个效应对流动阻力的相对贡献。随着离子浓度的增大，双电层变得越来越薄，因此 EVE 效应减弱，相反 VIVM 效应的贡献却变得愈加显著。除此之外，两者随离子浓度的变化趋势也与孔隙壁面带电符号有关。对于案例 3 和案例 4，低浓度条件下流动阻力主要来源于 EVE 效应。但随着浓度增大，VIVM 效应会逐渐占据主导，而案例 1 和案例 2 中的变化规律则与之相反，流动阻力由 VIVM 效应主导，说明界面黏度增大的幅度与壁面带电性强烈相关。显然，经典的 PB 模型无法考虑这些独特的变化机理。

（二）孔径的影响

致密储层存在大量纳米孔隙，典型的孔径从几纳米到几百纳米不等，因此研究孔径对纳米孔隙盐溶液流动传输的影响意义重大。为不失一般性，将溶液浓度设定为 0.5 M，探索了孔径大小对溶液传输能力的影响，模拟结果见图 4–20。

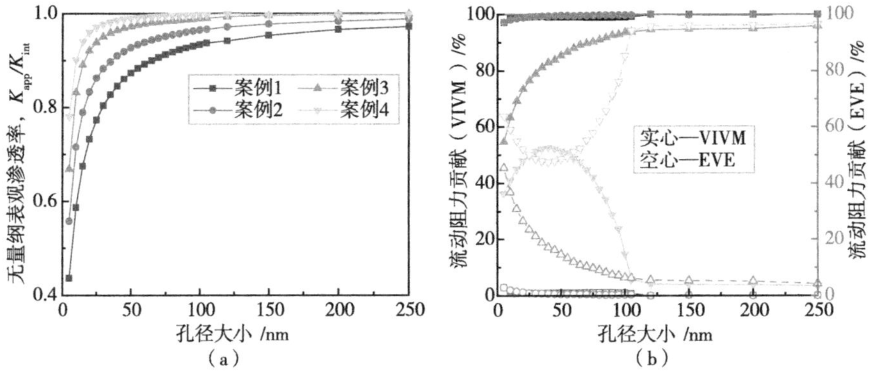

图 4–20　孔径大小对狭缝孔隙中离子传输能力的影响

（a）无量纲表观渗透率 DAP 随孔径的变化曲线；（b）随着孔径的增大，VIVM 效应和 EVE 效应对流动阻力的贡献变化曲线

由图 4–20（a）可知，不同条件下的孔隙 DAP 随着孔径的增大不断升高，说明由 VIVM 效应和 EVE 效应造成的流动阻力变得不再重要。另外，

壁面带负电荷的孔隙 DAP 始终大于壁面带正电荷的孔隙，且随着孔径的增大，DAP 更快逼近于 1。具体而言，对于案例 3 和案例 4，狭缝孔隙 DAP 在 $H=50$ nm 时非常接近于 1。而案例 1 条件下的 DAP 在 $H=250$ nm 时大约为 0.95，表明纳米孔隙的 DAP 受带正电荷壁面的影响更大，与上述结论一致。这些发现对于认识液体在致密储层中的流动具有重要的启发。例如致密油砂岩中主导孔隙为亚微米孔，在该孔径范围内，无论孔隙壁面是带正电荷还是带负电荷，孔隙 DAP 基本上均大于 0.92。然而，页岩孔隙 DAP 受限效应显著，甚至会低于 0.45。

图 4–20（b）显示了 VIVM 效应和 EVE 效应对 DAP 上升的贡献，在孔隙壁面带正电荷的情形下，流动阻力主要来源于 VIVM 的贡献，与孔径大小无关。当 $H>100$ nm 时，EVE 效应可以完全忽略。对于案例 3，尽管在 $H<100$ nm 时 VIVM 的贡献大于 EVE 效应，但此时 EVE 效应仍不可忽略。当 $H>100$ nm 时，VIVM 效应对流体阻力的贡献变得稳定，并占据主导作用。此外，当 $H>100$ nm 时，案例 4 条件下 EVE 效应占总流体阻力的 95%，而在 $H<100$ nm 时，EVE 效应的贡献随着孔径的增大，经历了先下降后上升的现象。这种非单调变化与其他 3 种条件显著不同，原因可能是案例 4 条件中表面电荷密度处于中间过渡阶段，此时在双电层内共价离子的浓度可能会大于反离子浓度［见图 4–17（g）］。尽管案例 4 中 EVE 对阻力贡献呈现了特殊的变化趋势，但 EVE 和 VIVM 产生的阻力并不显著。模拟选用的最大孔径不超过 250 nm，对于阐释孔径对纳米孔隙溶液传输能力的影响是足够的。

（三）水动力行为

在地下水流、水文学、土壤和石油工程领域，一个重要的主题是流体的水动力学行为，也就是流速（流量）与压力梯度之间的关系，因此绘制了不同条件下流速—压力梯度曲线，见图 4–21。

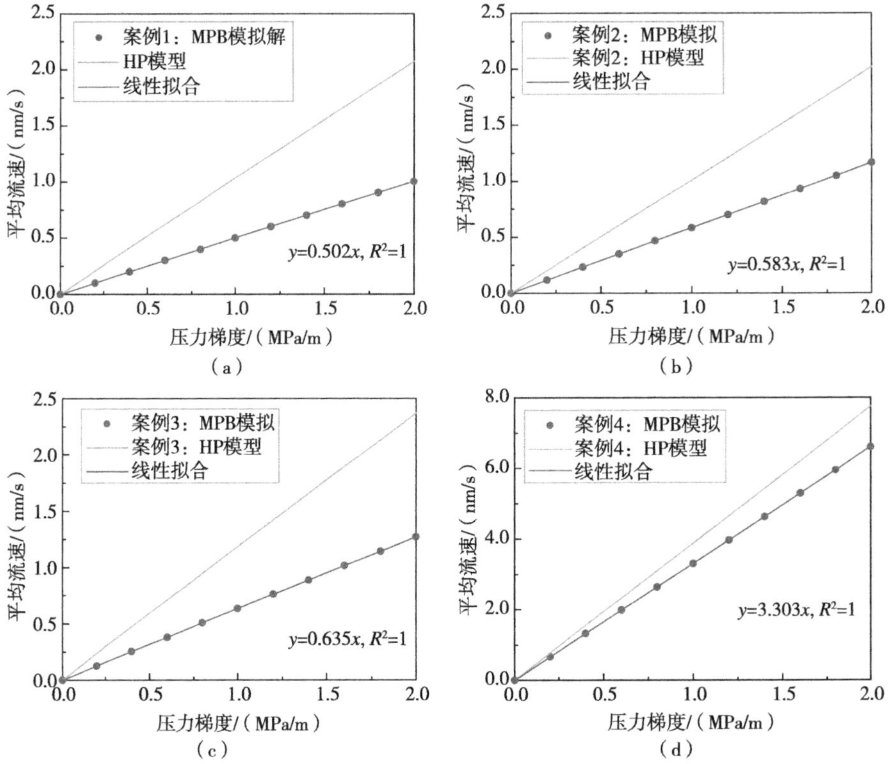

图 4-21　孔隙平均流速与压力梯度变化曲线，以泊肃叶流速为参照

由图 4-21 可知，考虑了 VIVM 和 EVE 效应后的孔隙平均流速明显低于 HP 流速，但流体流速与压力梯度依然呈完美线性关系。之前的研究表明致密介质中的流体流动不再遵循达西定律，呈现了严重的非线性行为。为了能够解释非达西渗流的产生机理，Zhang 等通过求解 Poisson-Nernst-Planck 方程研究了液体在周期性分布的带电纳米通道的流动行为，发现 EVE 效应无法解释致密介质中出现的非达西现象。然而该模型未考虑受限效应对离子浓度和流体黏度分布的影响。本节考虑了离子溶液的纳米尺度效应，但图 4-21 的线性流动行为说明致密岩石的纳米多孔结构可能并不是产生非线性流动的潜在机理。可能的机理是黏土矿物与水强烈地反应使得流体的流变性质发生了变化，这值得未来进一步探究。

（四）MPB 模型评价及局限性

采用含有电化学势修正项的 MPB 模型固然能够捕捉界面波动特征，但一个重要的前提是在模拟之前须获得对应条件或者类似条件下的分子模拟数据，因此限制了该方法的应用。Qiao 和 Aluru 将模型扩展至微米通道的电渗流模拟，观察到了不同浓度范围下 MPB 模型获得的通道内流速分布与传统 PB 模型的差异。指出对于微米通道，尽管双电层厚度相较于通道宽度非常小，但模型间的流速差异十分明显，体现了界面波动性质对电渗流动的决定性作用。电场梯度主要施加于双电层内的净电荷中，为电渗流模式主要的驱动力。然而目前尚未有关于界面的波动性如何影响电黏性流动的相关报道。基于此，选择案例 1 和案例 3（同时包含了正、负电性的孔隙壁面）以明确在不同离子浓度和孔径条件下，采用 MPB 和传统 PB 模型获得的电黏性流速差异，结果见图 4-22。

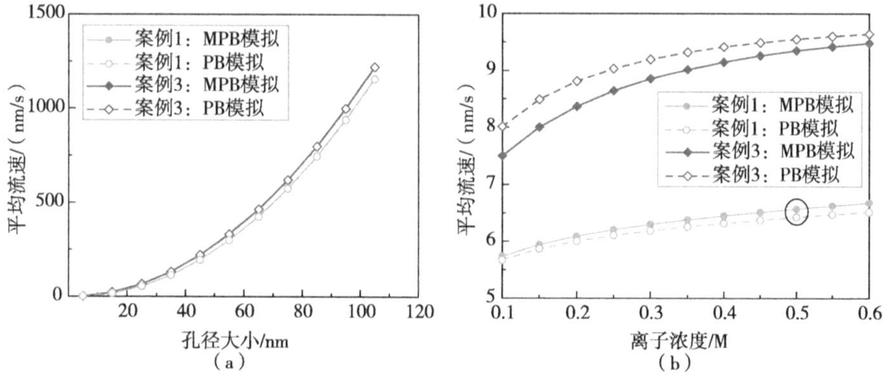

图 4-22　由 MPB 和传统 PB 模型获得的通道平均流速随孔径和离子浓度变化曲线

正如图 4-22（a）所示，随着孔径的增大，由 PB 模型预测得到的溶液平均流速与 MPB 预测的结果几乎完全一致。图 4-22（b）为在 10 nm 孔隙不同浓度下，两模型计算得到的平均流速差异，MPB 模型速度更大。对于案例 1，随着离子浓度的增大，两者速度的差异变得更加显著。而案例 3 则呈现了与案例 1 完全相反的结果，但差异并不显著。例如，案例 3 条件下

最大速度差出现在 c_0=0.1 M，两者大小差异不超过 7%。

为更深入地认识 PB 和 MPB 模型之间的差异，绘制了在特定条件下的通道内离子溶液浓度和流体速度剖面的分布情况，见图 4–23。由图 4–23（a）可知，两模型均可捕捉远离壁面区域的溶液浓度的体相行为，但 PB 模型无法捕捉壁面区域离子浓度的非线性变化，MPB 模型双电层内净电荷密度更大。尽管如此，该条件下模型间速度剖面的差异非常小［图 4–23（b）］。综合以上分析，采用经典 PB 模型模拟纳米孔隙中的电黏性流动可能不会产生大的误差。主要原因是对于电黏性流动，施加的水动力作用超过了电动阻力。与此同时，通过两模型产生的 VIVM 和 EVE 效应差异可能并不大。对于一些对精度要求高的芯片系统和微流器件的设计，这种微小差异可能会带来重要影响。然而对油气领域内的工程问题而言，以上结果表明采用传统的 PB 模型并同时考虑 VIVM 效应足以表征纳米孔隙中的溶液流动。

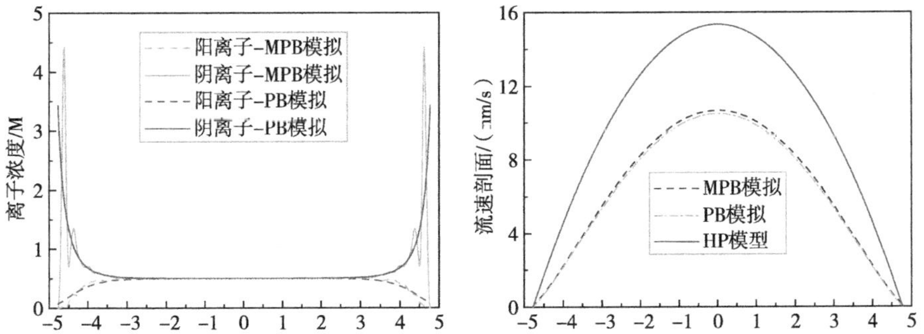

图 4–23　在特定浓度下［见图 4–22（b）圆圈］，由 MPB 和传统 PB 模型得到的孔隙内（a）离子浓度和（b）流速剖面分布情况

需要说明的是，上述研究发现是在特定模拟条件下得到的，如有限的离子溶液浓度和表面电荷密度。尽管如此，作为初步的探索，本研究可以帮助认知溶液在亲水纳米孔隙中的流动行为，为实际工况增产措施的实施和发展新型油藏模拟器提供潜在指导价值。由于其复杂性，无法考虑制约纳米尺度流动的所有影响因素，存在以下问题亟须解决：

（1）研究只考虑了液体在亲水纳米孔隙中的流动，然而在实际非常规储层通常表现为混合润湿性，大量疏水纳米孔隙发育。这种情况下，必须考虑界面的滑移速度，流动传输机理可能会更加复杂，但目前滑移长度的确定问题依然未得到解决。

（2）文章采用的离子浓度最低为 0.1 M，与矿场作业条件符合。然而，在实际实施低矿化度水驱的操作中，离子浓度可能更低，这意味着纳米孔隙中可能出现双电层叠加的现象，因而限制了 PB 模拟框架的应用。

（3）为了能够实施 MPB 模型，一个重要的前提是需要有与之对应的分子模拟数据，进而可得到所有的模型参数。也就是说，MPB 模型的应用并不灵活，因而迫切需要发展一个精确且简单易用的模型来研究纳米孔隙的电动传输能力。

第五章 多孔介质油水自发渗吸孔隙尺度模拟研究

油水自发渗吸只发生于亲水孔隙，根据第四章的研究结果，无论是单纯水相还是溶液在亲水纳米孔隙中的流动传输能力均低于不考虑纳米效应的传输能力，但总体下降幅度不大。随着孔径增大至上百纳米，纳米受限效应可以忽略，而几百纳米的孔喉正是致密砂岩主导孔隙类型。另外，前面章节未涉及油相在纳米孔隙中的流动传输能力研究，这是由于目前相比水（或者盐溶液）而言，油相烃类结构更加复杂，目前关于纳米孔隙中液态烃类的研究大多数是基于分子模拟定性化分析，未见有广适性的关系式来表征纳米尺度油相传输。根据 Wang 等的发现，液态烷烃（C8，辛烷）在亲水石英狭缝孔隙流动时会出现微小的滑移行为，这种滑移长度在几纳米的孔隙中影响较大，而产生的滑移行为在亚微米孔隙中则可完全忽略不计。除此之外，纳米孔隙孔径的增大抑制了纳米尺度效应对轻烃传输能力的影响，体现在亚微米尺度范围内烃类传输能力接近于 1，说明采用传统连续模拟即可刻画油相的流动行为。

目前纳米尺度下油水两相流动行为的研究仍处于深水区，人们对其的认识还远远不够。基于此，本章假设亚微米尺度下传统油水两相流理论依然适用。本章从孔隙尺度探讨了不同影响因素（润湿性、界面张力和黏度比）对不同孔隙结构油水自发渗吸行为的影响，分析了等价毛细作用（不同接触角与界面张力组合）对渗吸采收率的影响，强调了孔隙结构的重要性和油珠生成的控制因素，并评价了常规标度模型的适用性。

第一节　模型介绍

一、多孔介质模型

采用 4 种排列规律不同的多孔介质模型（P1~P4）进行油水渗吸模拟，图 5-1 详细展示了不同的几何结构配置（模型均为正方形颗粒充填）。

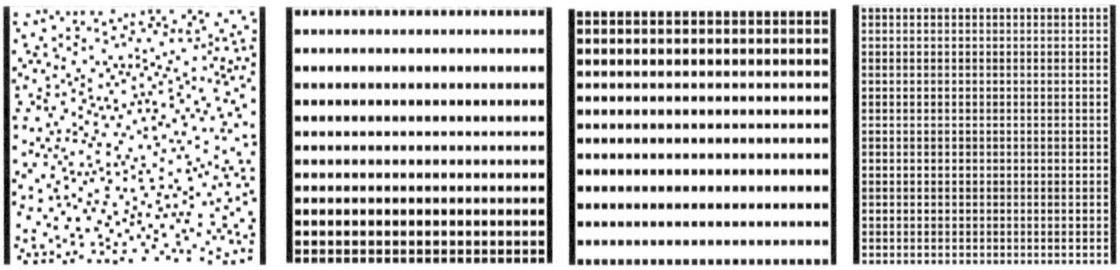

（a）P1　（b）P2　（c）P3　（d）P4

图 5-1　几何模型

黑色格点代表固体，白色格点代表流体

P1 模型固体颗粒随机分布，P4 模型中颗粒完全均匀分布，而 P2 模型和 P3 模型中颗粒间距在垂向上存在固定梯度。选用模型 P2 与 P3 的目的是近来学者发现具有孔径梯度的孔隙结构能够在多相流驱替或者渗吸研究中有效抑制指进，进而提高注入相的波及效率，但目前尚未有文章研究这种结构对于自发渗吸是否有利。

表 5-1 列出了不同模型的几何大小、孔隙度和方向渗透率（格子单位）。其中，K_x 和 K_y 为结构 X 和 Y 方向上的渗透率，均由单相流格子 Boltzmann 流动模拟获得。

表5-1　不同多孔介质模型基本性质：结构信息、孔隙度（ϕ）和方向渗透率（K）

几何模型	模型大小	孔隙度（ϕ）	渗透率（K_x）/mD	渗透率（K_y）/mD
P1	432×420	0.7666	2.986	2.974
P2	432×427	0.7069	11.955	0.792
P3	432×427	0.7069	11.955	0.792
P4	428×420	0.5991	0.612	0.615

二、颜色梯度格子 Boltzmann 多相流模型

室内渗吸实验是将饱和油的岩心完全浸没于充满水相的烧杯中，岩心中的油相会通过毛管力作用被水相置换出基质，附着在岩心壁面的油珠通过毛管力和浮力作用逐渐离开表面。考虑到计算资源成本的需要，无法开展多孔介质完全浸泡于无限大水相环境的渗吸模拟，因此通常在边界开启面放置一条与之平行的裂缝（模型示意图见图 5-2），并在裂缝进出口施加一定的压差梯度，以辅助排出置换出的基质油相。

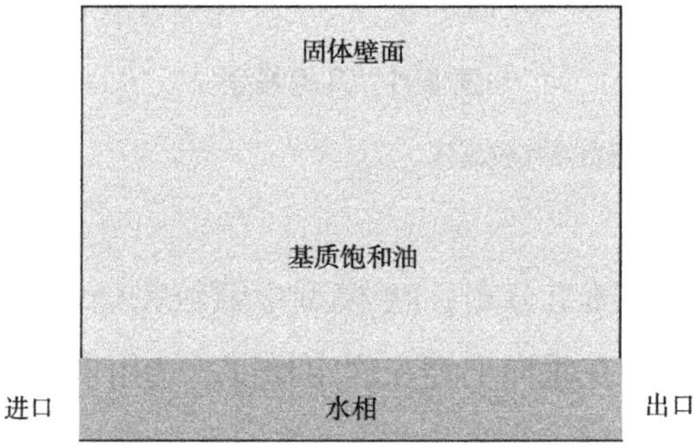

图 5-2　逆向渗吸示意图

基于 CR-LB 多相流模型，开展了二维多孔介质 OEO 边界条件下油水逆向渗吸模拟。包含碰撞步和迁移步的演化方程表示为，

$$f_i^\alpha\left(x+c_i\delta_t,t+\delta_t\right)=f_i^\alpha\left(x,t\right)+\left(\Omega_i^\alpha\right)^{(3)}\left[\left(\Omega_i^\alpha\right)^{(1)}+\left(\Omega_i^\alpha\right)^{(2)}\right] \tag{5-1}$$

式中，$f_i^\alpha\left(x,t\right)$ 为具有离散速度 c_i 的流体 α 在 t 时刻和位置 x 处的粒子分布函数；α 为流体颜色，一般红色和蓝色流体分别标记为 R 和 B；δ_t 为格子

时间步长，一般取为 1 ；$\left(\Omega_i^\alpha\right)^{(1)}$ 为单相碰撞算子；$\left(\Omega_i^\alpha\right)^{(2)}$ 为摄动步算子；$\left(\Omega_i^\alpha\right)^{(3)}$ 为重标色算子。

对于 D2Q9 格子模型，格子速度集 c 与式（4–18）定义一致。每个流体格点粒子函数均表示为红色和蓝色相分布函数之和，即 $f_i = f_i^R + f_i^B$ 。对于多松弛格子模型，单相碰撞算子 $\left(\Omega_i^\alpha\right)^{(1)}$ 定义为，

$$\left(\Omega_i^\alpha\right)^{(1)} = -M_{ij}^{-1} S_{jk}\left(x,t\right)\left[m_k^\alpha\left(x,t\right) - m_k^{\alpha,eq}\left(x,t\right)\right] \tag{5–2}$$

动量矩 m_i^α 及其平衡态分布函数 $m_i^{\alpha,eq}$ 分别由式（5–3）及式（5–4）计算得到，

$$m_i^\alpha = M_{ij} f_j^\alpha \tag{5–3}$$

$$\begin{aligned} m_i^{\alpha,eq} &= M_{ij} f_j^{\alpha,eq} \\ &= \rho_\alpha\left(1, -2+3u^2, 1-3u^2, u_x, -u_x, u_y, -u_y, u_x^2-u_y^2, u_x u_y\right)^{\mathrm{T}} \end{aligned} \tag{5–4}$$

$f_j^{\alpha,eq}$ 为流体 α 的修正平衡分布函数，表示为，

$$f_i^{\alpha,eq} = \rho_\alpha\left(\phi_i^\alpha + w_i\left[\frac{c_i \cdot u}{c_s^2} + \frac{\left(c_i \cdot u\right)^2}{2c_s^4} - \frac{u^2}{2c_s^2}\right]\right) \tag{5–5}$$

式中，ϕ_i^α 为调节参数，其定义为，

$$\phi_i^\alpha = \begin{cases} \gamma_\alpha & i=0 \\ \left(1-\gamma_\alpha\right)/5 & i=1-4 \\ \left(1-\gamma_\alpha\right)/20 & i=5-8 \end{cases} \tag{5–6}$$

式中，γ_α 为自由参数，用来调整流体的密度比，将其统一设定为 4/9。

此外，权系数 w_i 表示为：$w_0 = 4/9$ 、$w_{1-4} = 1/9$ 和 $w_{5-8} = 1/36$ 。c_s 为声速，等于 $1/\sqrt{3}$ 。

ρ_α 为流体 α 的局部密度，每个流体格点密度为两种流体密度的加和，

$$\rho = \sum_{\alpha} \rho_{\alpha} = \sum_{\alpha} \sum_{i} f_i^{\alpha} \tag{5-7}$$

流体 α 的局部压力 p_{α} 给定为，

$$p_{\alpha} = \rho_{\alpha} \left(c_s^{\alpha}\right)^2 = \frac{3\left(1-\gamma_{\alpha}\right)\rho_{\alpha}}{5} \tag{5-8}$$

类似地，每个流体格点总压力为 $p = p_R + p_B$。流体速度通过一阶动量公式计算得到，

$$\rho u = \sum_{\alpha} \sum_{i} c_i f_i^{\alpha} + \frac{\delta t}{2} F \tag{5-9}$$

式中，F 为外力项。

对角松弛矩阵表示为，

$$S_{jk} = diag\left(1.0, 1.0, 1.2, 1.0, 1.7, 1.0, 1.7, 1/\tau, 1/\tau\right) \tag{5-10}$$

式中，τ 为流体格点局部松弛时间，表示为，

$$\frac{1}{\tau - 0.5} = \frac{1+\rho^N}{2\left(\tau_R - 0.5\right)} + \frac{1-\rho^N}{2\left(\tau_B - 0.5\right)} \tag{5-11}$$

式中，τ_R 为松弛因子，与流体运动黏度 ν_{α} 直接相关，即 $\nu_{\alpha} = c_s^2\left(\tau_R - 0.5\right)$。

流体格点相场 ρ^N 为，

$$\rho^N = \frac{\rho_R - \rho_B}{\rho_R + \rho_B} \tag{5-12}$$

采用连续表面力模型表征非混相流体间界面张力，极大地减小了界面伪势，提高了计算稳定性，模型中界面张力表示为，

$$F_{ift} = -\frac{1}{2} \sigma \kappa \nabla \rho^N \tag{5-13}$$

式中，σ 为两相界面张力；κ 为局部界面曲率；$\boldsymbol{n}$ 为界面法向量。

$\boldsymbol{n}$ 的表面梯度由下式计算得到，

$$\kappa = \nabla_s \cdot n = n_x n_y \left(\frac{\partial n_x}{\partial y} + \frac{\partial n_y}{\partial x}\right) - n_y^2 \frac{\partial n_x}{\partial x} - n_x^2 \frac{\partial n_y}{\partial y} \tag{5-14}$$

$$n = -\frac{\nabla \rho^N}{\left|\nabla \rho^N\right|} \tag{5-15}$$

式中出现的带有偏导符号的变量，通过四阶各向同性差分得到，以变量 ψ 为例，其偏导计算公式为，

$$\nabla \psi(x,t) = \frac{3}{c^2}\sum_i w_i \psi(x + c_i\delta_t, t)c_i \tag{5-16}$$

界面张力项 F_{ift} 计算得到后，需通过二阶精度的 Guo 力处理格式代入粒子分布函数，

$$\left(\Omega_i^\alpha\right)^{(2)} = M_{ij}^{-1}\left(I_{ik} - \frac{S_{jk}}{2}\right)F_k' \tag{5-17}$$

式中，I_{ik} 为单位矩阵；

F_k' 为动量空间中的外力项 F_j 与转换矩阵 M_{ij} 之积。

$$F_k' = M_{ij}F_j = \begin{bmatrix} 0, 6\left(u_xF_x + u_yF_y\right), -6\left(u_xF_x + u_yF_y\right), F_x, -F_x, \\ F_y, -F_y, 2\left(u_xF_x - u_yF_y\right), u_xF_y + u_yF_x \end{bmatrix}^{\mathrm{T}} \tag{5-18}$$

重标色步 $\left(\Omega_i^\alpha\right)^{(3)}$ 用以实现流体界面分离，表示为，

$$\begin{cases} \left(\Omega_i^R\right)^{(3)} = \dfrac{\rho_R}{\rho} f_i^* + \beta \dfrac{\rho_R \rho_B}{\rho^2} w_i \cos(\varphi)\left|c_i\right| \\ \left(\Omega_i^B\right)^{(3)} = \dfrac{\rho_B}{\rho} f_i^* - \beta \dfrac{\rho_R \rho_B}{\rho^2} w_i \cos(\varphi)\left|c_i\right| \end{cases} \tag{5-19}$$

式中，f_i^* 为分离步前，i 方向上的粒子分布函数；β 为分离调节参数，控制着界面的厚度。

β 值越小，相界面厚度也越大，在接下来的模拟中均将 β 值固定为 0.8。φ 为颜色梯度 $\nabla \rho^N$ 与格子方向 c_i 的夹角，表示为，

$$\cos\varphi = \frac{c_i \cdot \nabla \rho^N}{\left|c_i\right|\left|\nabla \rho^N\right|} \tag{5-20}$$

以上为 CR–LB 多相流模型的基本理论。接下来介绍润湿边界条件，是当下 CR–LB 模型算法中的研究热点之一，精确的润湿边界对于成功开展多相流模拟至关重要。

Leclaire 等已经证明 Latva–Kokko 和 Rothma 提出的伪密度模型虽然算法简单、实施方便，但在流固边界会发生非物理传质现象，进而对模拟计算的稳定性和精度产生重要影响。为解决该问题，学者相继提出了新的接触角实施算法来改善模拟计算结果。采用 Akai 等发展的润湿边界条件，将所有格点分为四类，C_{FB} 代表至少接触一个固体格点的流体格点，C_{SB} 代表至少接触一个流体格点的固体格点，C_{FL} 和 C_{SL} 分别代表其余的流体和固体格点。算法的核心思想是通过加权平均求得 C_{SB} 格点的相场 ρ^N，进而可以直接求得 C_{FB} 格点的相场 ρ^N，最后通过给定的接触角调节 C_{FB} 的颜色梯度 $\nabla\rho^N$，该方法可以方便地拓展至二维和三维复杂多孔介质。在计算 C_{FB} 格点界面曲率 κ 时，需要用到 C_{SB} 格点的单位颜色梯度 n，然而 Akai 等的算法中并没有考虑此问题，可能会影响计算结果。本节提出采用加权平均的方法以获得 n 值，

$$n\left(x,t\right)=\frac{\sum\limits_{i:x+c_i\delta_t\in C_{FB}} w_i n\left(x+c_i\delta_t,t\right)}{\sum\limits_{i:x+c_i\delta_t\in C_{FB}} w_i},\quad x\in C_{SB} \tag{5-21}$$

需要说明的是，式（5–21）与 Yu 等采用的零界面力格式的展开形式完全一致。

除此之外，对边界节点实施半步长反弹边界条件以保证无滑移流。采用 Kang 等提出的入口处理格式，将裂缝入口的恒定流速边界转化为压力边界以避免入口效应，最后模型进出口压力边界的实施采用 Huang 等的处理方法。考虑到油水密度差较小，将两者密度比设定为 1，忽略了油水重力分异的影响。

第二节　模型验证

一、Young-Laplace 定律

将圆形液滴放置于另一相流体中，直到系统达到平衡，此时液滴内外压力差由 Young-Laplace 方程给出，

$$\Delta P = P_i - P_o = \frac{\sigma}{r} \tag{5-22}$$

式中，ΔP 为压力差，Pa；P_i 为液滴内压力，Pa；P_o 为液滴外压力，Pa；r 为液滴半径，m。

模拟中网格大小为 201×201，边界均为周期性边界条件，无任何外力施加。在系统达到稳态时，将测得的液滴内外压力差与解析解进行比较。开展了不同黏度比和液滴半径的液滴模拟，发现模拟结果与方程吻合程度很高（见图 5-3），验证了模型的精确性。需要说明的是，多相流模拟中一般定义黏度比 M 为注入相流体与被驱替相流体黏度之比，对于渗吸模拟，即 $M = \mu_w / \mu_{nw}$，在接下来的模拟和分析中均沿用此定义。

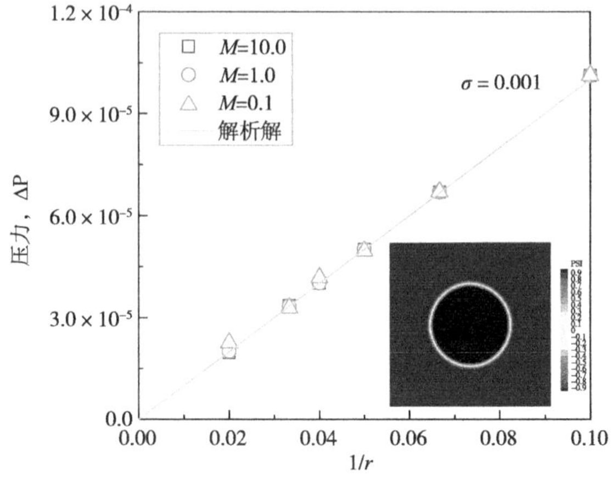

图 5-3　对比不同黏度比和液滴半径条件下由 LB 模拟和解析解获得的液滴内外压力差，插图显示了 M=1.0 和 r=25 条件下的系统相场分布

二、接触角模拟

将圆形水滴放置于固体壁面，水滴周围由油相包围，如图 5–4 所示。

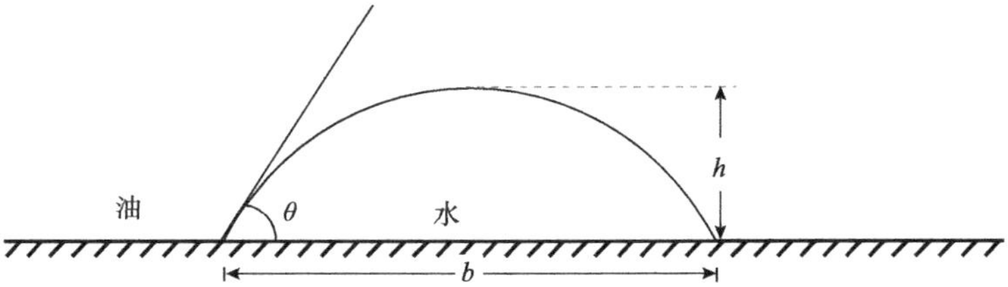

图 5–4　油—水—固体接触角测试示意图

模拟区域大小为 61 × 181，周期性边界条件施加在模型左右边界处，半步长反弹边界条件施加于模型上下边界。一旦系统达到稳定，即中止计算。由下式测得接触角，

$$\theta=\begin{cases}\arcsin\left(\dfrac{b}{2R}\right), & \theta\leqslant 90^\circ \\ \pi-\arcsin\left(\dfrac{b}{2R}\right), & \theta>90^\circ\end{cases} \tag{5–23}$$

式中，R 为水滴半径，$R=\left(4h^2+b^2\right)/8h$，m。

图 5–5 显示了当黏度比为 1.0 时，接触角模拟系统相场分布图，相分离现象非常明显。

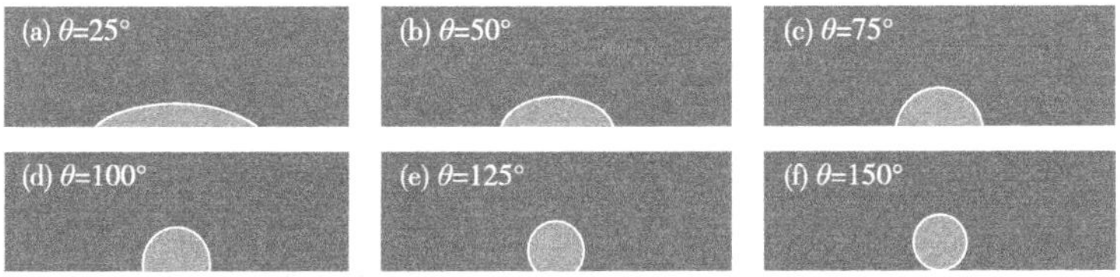

图 5–5　当 M=1.0 时，不同接触角条件下的相场分布

图 5–6 进一步对比了不同黏度比条件下的由模拟和解析解得到的接触角，发现两者匹配程度很高。

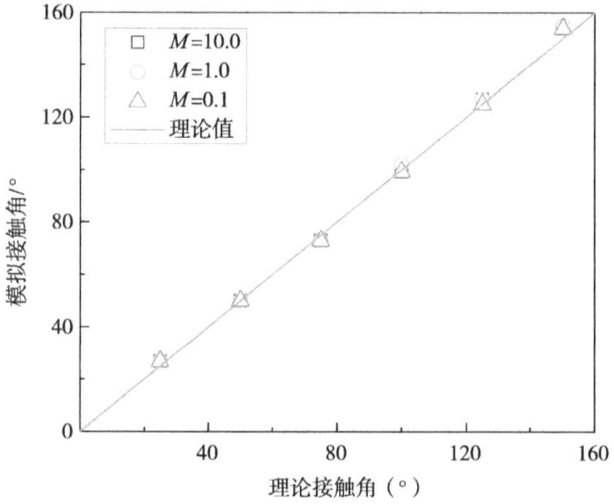

图 5-6　不同黏度比条件下，模拟和解析解得到的接触角与理论值对比

三、毛管填充模拟

首先产生一个 21×421 的网格区域来模拟毛管填充，初始两相配置见图 5-7，模型左部的湿相流体依靠毛管力作用逐渐自发吸入右侧通道。在这种条件下，存在解析解以表征填充长度随时间的变化，

$$h = \frac{L^2}{(1-M)^2} + \sqrt{\frac{H\sigma\cos\theta M}{3\mu_w(M-1)}t - \frac{L}{M-1}} \tag{5-24}$$

式中，h 为毛管填充长度，m；L 为通道长度，m。

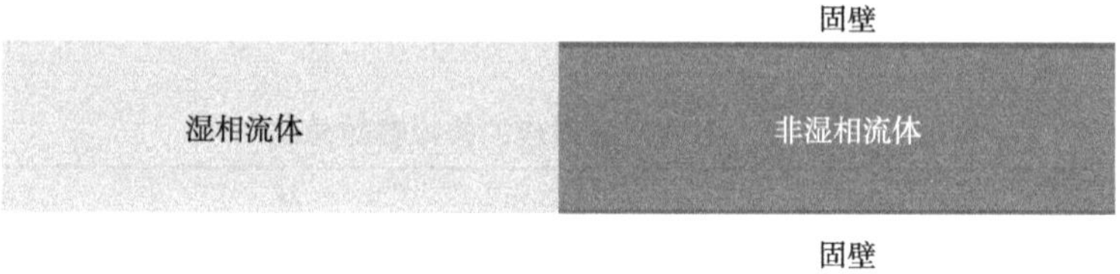

图 5-7　初始状态通道内湿相和非湿相分布

半步长反弹边界施加于临近固壁的边界节点，其余边界均施加周期性边界条件。基本模拟参数设定为：两相流体松弛时间分别为 $\tau_b = 1.5$ 和 $\tau_r = 0.51$，对应着黏度比为 100.0 的情形；界面张力设定为 2.7×10^{-4}，接触角为 20°～80°。

图 5–8 对比了由解析解和模拟得到的毛管填充长度随时间变化曲线，可以很明显地看出模拟结果与解析解吻合程度非常高，说明数值模型能够精确模拟毛管渗吸动力学。

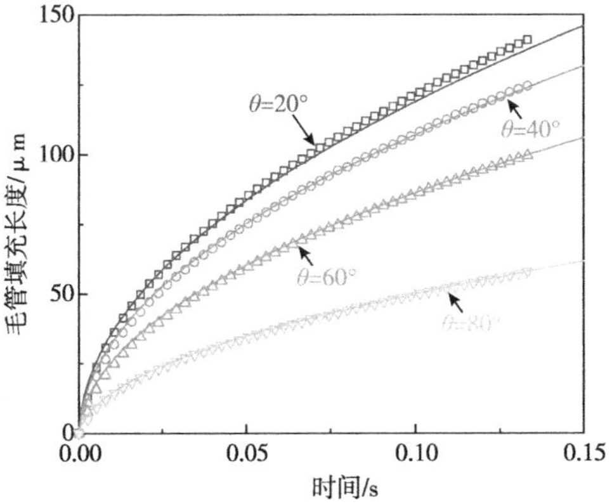

图 5–8　不同接触角条件下的液体填充长度与时间关系

第三节　不同因素对油水渗吸影响规律分析

如前面章节所述，存在多个因素影响油水渗吸特征。本章从孔隙尺度系统地研究了岩石表面润湿性、油水界面张力、黏度比和毛细作用组合在不同几何模型中的渗吸特征，详细模拟参数见表 5–2。

表5–2　不同方案对应的模拟参数总结

影响因素	θ/（°）	σ/（mN/m）	M	Ca
润湿性	15.0	36.00	1/5	4.17×10^{-4}
	45.0	36.00	1/5	4.17×10^{-4}
	75.0	36.00	1/5	4.17×10^{-4}
油水界面张力	10.0	72.00	1/3	2.08×10^{-4}
	10.0	36.00	1/3	4.17×10^{-4}
	10.0	9.00	1/3	1.67×10^{-3}

续表

影响因素	θ/（°）	σ/（mN/m）	M	Ca
黏度比	25.0	37.19	1.0	3.67×10^{-3}
	25.0	37.19	1/20	3.67×10^{-3}
	25.0	37.19	1/100	3.67×10^{-3}
毛细作用	60.0	36.00	1/2	8.33×10^{-4}
	50.0	28.00	1/2	1.07×10^{-3}
	20.0	19.16	1/2	1.57×10^{-3}

表中，θ 为接触角，σ 为油水界面张力，Ca 为毛管数。需要说明的是，油水界面张力典型值一般介于 20~40 mN/m，而模拟中为不失一般性，涵盖了较广范围的界面张力值。

一、壁面润湿性的影响

由图 5–9 可知，润湿性与采收率呈正相关关系。岩石越亲水，渗吸初期驱油越快，最终采收率关系为：P1>P4>P2>P3。Rabbani 等的加压渗吸研究结果表明，存在正孔径梯度的结构能够抑制指进，获得更高的采收率。本节结果表明，正孔径梯度同样有利于逆向渗吸（采收率 P2>P3）。均匀的几何结构（P4）采收率低于颗粒随机分布的结构（P1），这是由于对逆向渗吸而言，基质与裂缝的接触面，既是水渗吸进入基质的入口，也是油相被排出基质的出口，意味着毛管力既是动力也是阻力。对于 P4 模型，均匀分布的毛管力无法形成连续的排驱通道，因而不利于油相的排出。孔隙结构的不同使润湿性对采收率的影响程度亦不同。例如，P1 模型在不同润湿性条件下采收率相差较大，而 P3 模型在不同润湿性条件下采收率差别很小。

不同润湿条件下采收率的高低反映了渗吸过程中油水运移模式的不同。当接触角 θ 为 15° 时，P1 模型最终采收率可以达到 19%。由于较小孔隙对应着较大的毛管力，渗吸初期水会优先进入小的孔隙，而将油珠从较大的孔隙中挤出［见图 5–10（a）中位置 A 和 B］，与 Gunde 等的研究发现一致。随着渗吸的不断进行，流体压力不断重新分配，图 5–10（a）中将要被挤出

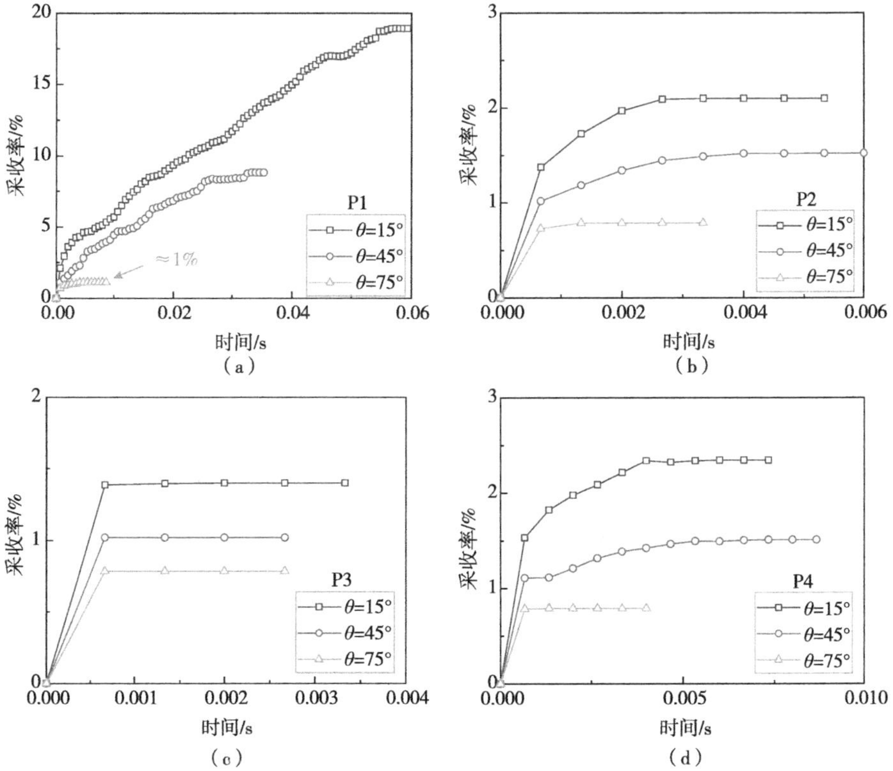

图 5-9　不同接触角条件下模型渗吸采收率随时间变化曲线

去的油珠又逐渐吸入基质，这一过程未出现油珠的破裂［见图 5-10（b）］，而右侧较大的油簇在被驱离之前，会先接触裂缝壁面，出口侧的油珠会产生额外的毛管压力［见图 5-10（b）位置 B］，阻止油珠排出裂缝。进出口的压力梯度以及毛管力的综合作用会逐渐驱替裂缝中的油相。图 5-10（c）显示在裂缝右侧形成了一个稳定连续的油流通道（见黄色箭头），并提高了流体局部压力，出口附近发生了水相的暂时滞留。因此水相只能在左半部分进行渗吸推进，中间部位的水相渗吸速度较快，形成了明显的毛管指进现象。油水界面动力学行为是由系统压力的不断重新分配造成的。随着渗吸的继续进行，油流通道逐渐与基质剥离［见图 5-10（d）］，被捕集的水相重新释放，直至裂缝中的油相全部被排出，渗吸停止［见图 5-10（e）］。当接触角为 45° 时，油水渗吸模式与 θ=15° 时类似，但由于接触角较大，使得油水界面曲率更小，较小的毛管力作用导致了较低的采收率。在这种条件下，也形成了毛管指进现象。而当接触角处于中间润湿 75° 时，油水界面曲率趋近于 0，此时渗吸动力非常小，使得水相难以进入基质。进出口的压力梯度也不足以将油珠与多孔介质剥离，最终稳定后的油水界面见图 5–10（f）。

P2 模型和 P3 模型虽然有着相同的孔隙结构，但两者的不同点在于沿着垂直于裂缝方向上的孔径梯度大小相反。从最终渗吸结束油水分布来看，P2 模型和 P3 模型中油水界面分布得都比较均匀，类似于活塞式驱替。由于模型中颗粒局部间隙大，使得毛管力不足以将油从小的间隙中排出。具体而言，当接触角为 75° 时，P2 模型中的水相只能进入模型第一层结构。而当接触角为 15° 时基质左侧渗吸效率更高，水能进入更多的孔隙间隙，此时采收率也仅略大于 2%［见图 5–10（g）］。P3 模型中由于第一层与第二层颗粒排布间隔最大，对应的毛管力最小，导致水只能渗吸进入第一层颗粒，最高采收率不超过 1.5%［见图 5–10（h）］。与 P2 模型和 P3 模型相比，P4 模型在垂直于裂缝方向上的颗粒间距是均匀的，因此不存在局部毛管力的变化。当接触角为 75° 时，采收率非常低（<1%），水只通过了第一层颗粒；当接触角为 15° 时，靠近左右两侧壁面区域渗吸速度较快，在渗吸过程中未有油珠产生，最终形成油水分布［见图 5–10（i）］。

为了更好地理解渗吸过程，绘制了 P1 模型不同润湿性条件下的进出口压差变化（见图 5–11）。当接触角为 15° 时，从渗吸开始至 0.01 s，由于需要克服靠近出口侧油珠产生的毛管力［见图 5–10（b）］，使得进口压力始终大于出口压力。而当油珠开始被驱替出裂缝后，此时仅靠毛管力就足以驱替裂缝中的油相，因此进口压力始终小于出口压力直至裂缝中全部油相被驱扫出去。此时为了维持裂缝恒定的流速，模型进口压力又会大于出口压力。当接触角为 45° 时与接触角为 15° 时类似，但是由于更小的毛管力，在 0.01~0.25 s 仍需要正的进出口压差将油珠驱离。而当接触角为 75° 时，油珠自始至终都未剥离出基质，因此进口压力始终大于出口压力以维持设定的恒定裂缝流速。

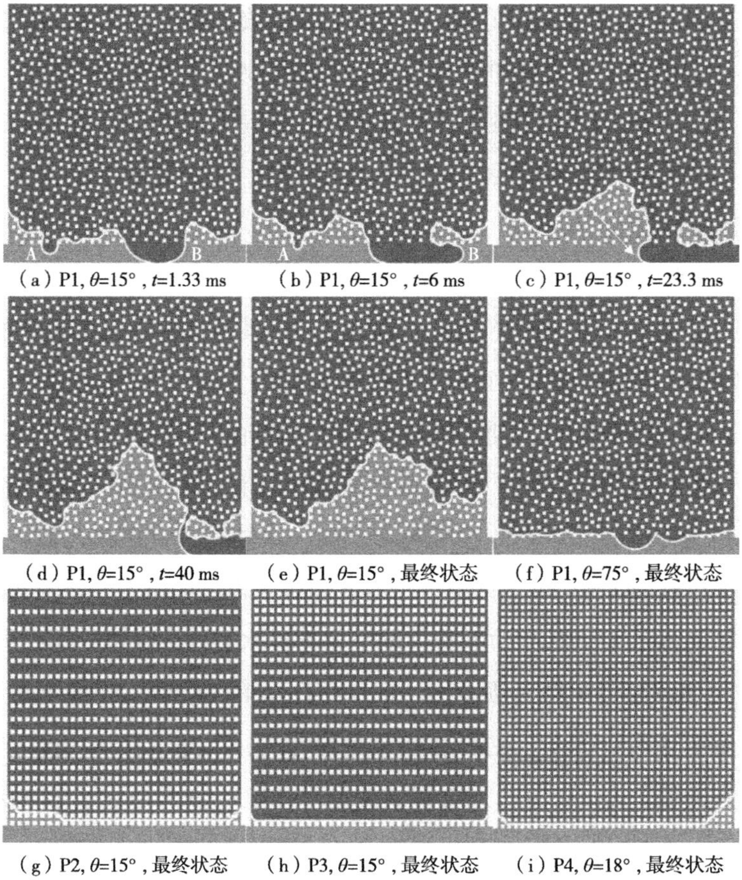

图 5-10　表面润湿性的影响：不同渗吸阶段油水分布

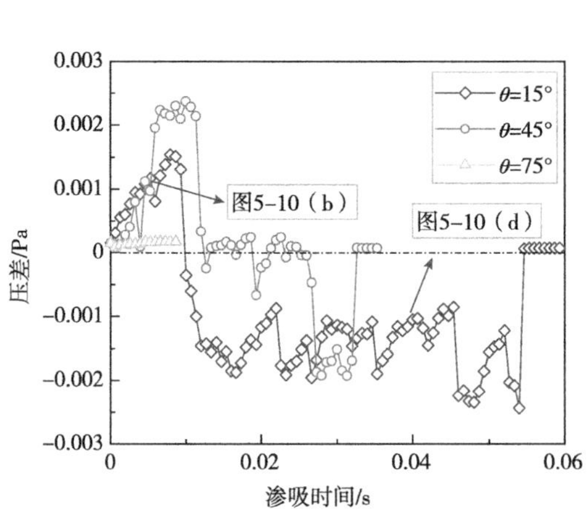

图 5-11　不同润湿性条件下渗吸过程中 P1 模型进出口压差变化

二、油水界面张力的影响

同理论一致，油水界面张力大小同样与渗吸采收率呈正相关关系。界面张力越大，初期渗吸速度越快，越有利于渗吸，与 Rokhforouz 和 Amiri 的模拟结果一致。然而，Gu 等的结果表明界面张力对渗吸采收率有着非单调性的影响，当界面张力大于 60 mN/m 时，渗吸采收率反而下降，这可能与其采用的双重介质或其模拟参数的设定有关。根据图 5–12 可知，不同孔隙结构渗吸采收率的关系同样为 P1>P4>P2>P3。值得一提的是，在较小界面张力（9 mN/m）条件下，P2 模型与 P3 模型的采收率几乎一致，反映了孔隙结构对于采收率的重要影响。

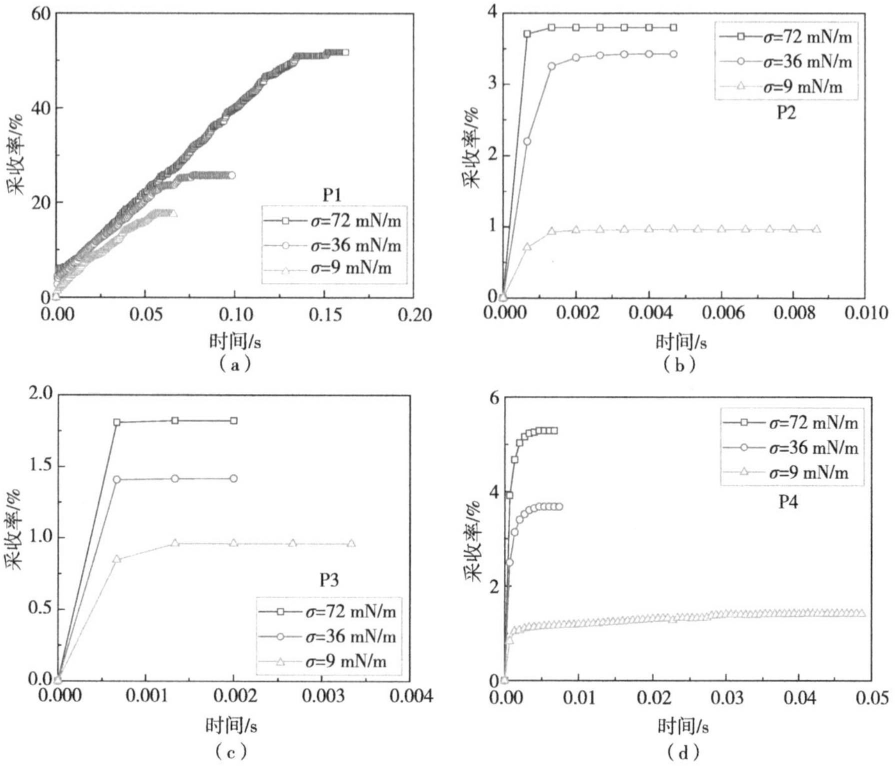

图 5–12　不同界面张力条件下渗吸采收率随时间变化曲线

对于 P1 模型，当界面张力为 72 mN/m 时，渗吸采收率超过了 50%。与

图 5-9（a）相比，渗吸采收率的提高是由更大的毛管力和更低的油相黏度造成的。渗吸过程中左侧形成了较远的毛管指进［见图 5-13（a）］，而不是上述图 5-10（e）中形成的中间指进。沿着壁面的指进随渗吸的进行缓慢前进，而水逐渐从左至右进行渗吸［见图 5-13（b）］，波及效率高。最终裂缝中的非湿相与基质剥离后，系统压力逐渐达到稳定，最终渗吸结果见图 5-13（c），此时油水前缘界面不符合活塞驱替假设。

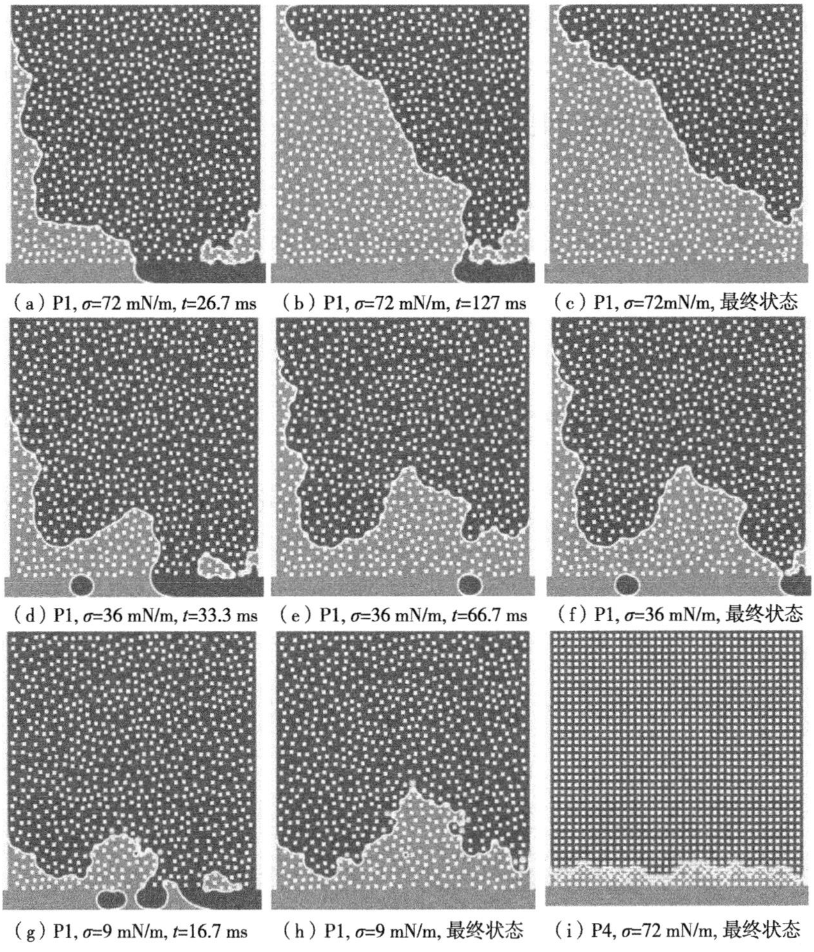

（a）P1, σ=72 mN/m, t=26.7 ms　（b）P1, σ=72 mN/m, t=127 ms　（c）P1, σ=72mN/m, 最终状态

（d）P1, σ=36 mN/m, t=33.3 ms　（e）P1, σ=36 mN/m, t=66.7 ms　（f）P1, σ=36 mN/m, 最终状态

（g）P1, σ=9 mN/m, t=16.7 ms　（h）P1, σ=9 mN/m, 最终状态　（i）P4, σ=72 mN/m, 最终状态

图 5-13　界面张力的影响：不同渗吸阶段油水分布

在保持裂缝流速不变的情况下，将油水界面张力调整为 36 mN/m，此

时靠近入口侧的大油簇会与基质脱离［见图 5–13（d）］，该现象与界面张力为 72 mN/m 时不同。随着渗吸的继续进行，该油珠形成了一个暂时的遮挡，不随水相进行运移［见图 5–13（e）］，可以从图 5–14（a）油水系统速度场分布看出。根据图 5–14（b）的压力场分布，油水界面产生的局部压力较大，因而会优先进行渗吸，最终形成两个明显的毛管指进现象［见图 5–13（f）］。界面张力越小，油滴越容易变形。当界面张力降低到 9 mN/m 时，渗吸初期油滴更容易从大的孔隙被挤出来，油滴依靠进出口压力梯度进行运移，并在靠近出口侧汇集形成稳定的运移通道［见图 5–13（g）］。毛管指进在中部形成，并逐渐向上发展，最终基质油水分布见图 5–13（h）。受孔隙结构的影响，P2 模型和 P3 模型中油水前缘均匀推进，在界面张力为 36 mN/m 和 9 mN/m 时，会有微小油珠形成，最终均形成了均匀的油水前缘。对于 P4 模型，界面张力越大，油水前缘越不规则，但并未有明显的指进形成［见图 5–13（i）］。

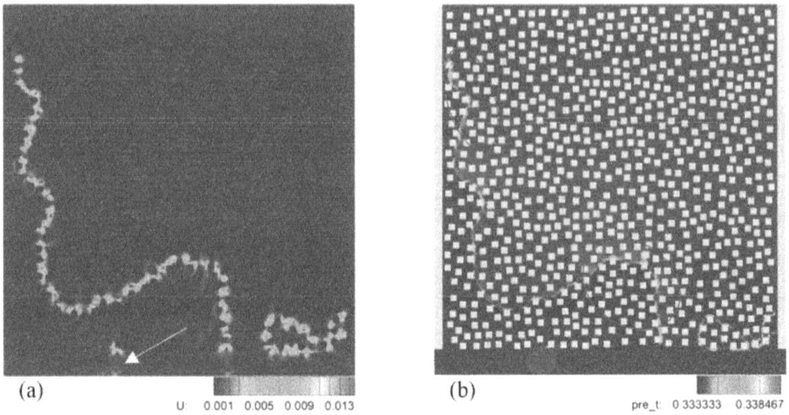

图 5–14　当 σ = 36 mN/m 和 t = 40ms 时，P1 模型（a）速度场和（b）压力场分布

三、油水黏度比的影响

实际储层中油相黏度大于地层水，因此只考虑了流体黏度比为 0.01~1 的渗吸情况（见图 5–15）。从最终渗吸采收率来看，依然是 P1>P4>P2>P3。理论上油相黏度越小，流体黏滞阻力越小，对应着更高的渗吸速度与采收

率。不同模拟条件下采收速度遵循了这一规律，而黏度比对最终采收率的影响却不尽然。例如，P2 模型在黏度比为 0.05 和 0.01 的情形下有着几乎一致的采收率。Rokhforouz 和 Amiri 发现当黏度比为 1 时，有着最高的渗吸采收率，该条件下油水界面不稳定，存在着明显的指进现象。而当黏度比为 0.1 和 10.0 时，两者有着相似的渗吸采收率曲线，但对应着不同的渗吸模式。Gu 等的结果显示黏度比与渗吸采收率关联性较差，在黏度比为 0.5 的时候有着最高的渗吸采收率。黏度比对渗吸采收率的影响所呈现的不一致结果，可能与不同研究采用的几何模型有关。最终采收率是流体孔隙尺度流体运移结果的综合体现，与局部孔隙结构特征密切相关。正如 Wang 等提及的，即使在相同的流体性质和相同的流动条件下（毛管数和黏度比），也可以通过改变孔隙结构的不规则度来实现不同流动的模式。

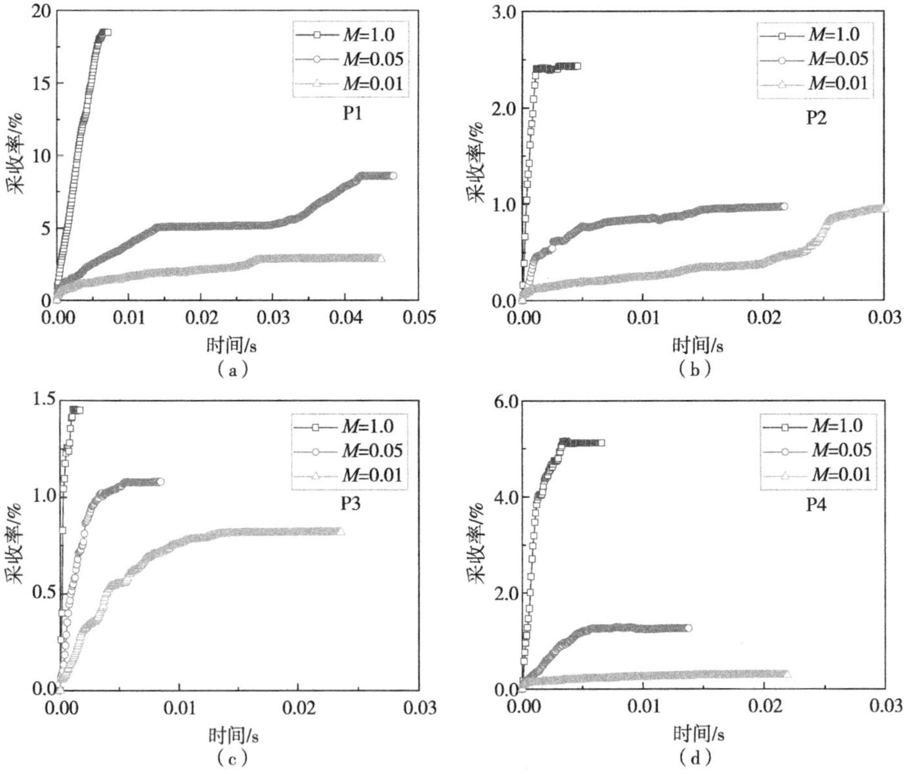

图 5-15　不同黏度比条件下渗吸采收率随时间变化曲线

P1 模型在黏度比为 1 时，由于具有更小的黏滞阻力，油珠容易从大的孔隙中被挤出并形成两个较小的油珠［见图 5–16（a）］。随着渗吸的推进，水在模型左侧区域的渗吸作用更强，依靠毛管力和压力梯度的综合作用，两个油珠开始变形并形成连续的油流通道［见图 5–16（b）］。靠近左侧的油珠未发生破裂而又重新进入基质。与之前所述类似，当基质内非湿相与裂缝分离后，渗吸逐渐停止，系统达到稳定，毛管指进发生在基质左侧和中部［见图 5–16（c）］。当黏度比为 0.05 时，油珠从较大孔隙缓慢挤出，较小的惯性力导致被挤出的油珠汇合形成一个不与裂缝壁面接触的喷射状油流通道［见图 5–16（d）］，基质中部油相会逐渐被油簇拖拽至裂缝，因而指进发生在中部逐渐扩大［见图 5–16（e）］。与此同时，前期被剥离的油珠重新变形形成了新的流动通道［见图 5–16（f）］，最终渗吸结束时油水分布见图 5–16（g）。当黏度比为 0.01 时，流体运移模式与黏度比为 0.05 时类似，油珠依靠水相的黏滞拖拽作用呈喷射状流出裂缝且不与裂缝接触。与之不同的是，基质未有毛管指进的形成［见图 5–16（h）］。对于其他几何模型，渗吸过程中油水运移模式是一样的，油相从孔隙间隙排至裂缝，基质未有指进形成。对于规则模型 P4，黏度比为 1 时出现了多个油珠卡断在颗粒间隙的现象［见图 5–16（i）］。总而言之，油相从多孔介质中排驱出去的动力来自临近流体界面产生的毛管力，需要同时克服黏滞力和毛管力。因此在高黏度油相的情况下，水不易渗吸进入基质，渗吸采收率低。

需要说明的是，图 5–16 的结论表明黏度比对于渗吸采收率有着重要的影响，尤其是对于颗粒不均匀分布的多孔模型 P1。然而，第三章第四节的研究结果表明致密油砂岩渗吸采收率对于非湿相黏度并不敏感。对于实验研究和数值模拟结果所呈现的不一致性，可能的原因有：（1）致密砂岩具有多尺度孔隙结构，渗透率低且结构复杂。而本章采用的几何模型相对均质，渗透率也较高。尽管理论上致密砂岩有着更高的毛细作用，但与此同时孔隙结构也异常迂曲。研究表明，孔隙结构对渗吸动力学有着重要的影响。（2）渗吸实验研究采用的是静态渗吸条件，而模拟中为了辅助置换裂缝中的油相，在模型进出口设定了压力梯度，这与实验条件并不完全一致。

（3）渗吸模拟中，只存在毛管力、惯性力和流体黏滞力作用，而对于真实致密砂岩渗吸实验，由于纳米孔隙的存在，强烈的流固作用造成的微观作用力可能对渗吸有着深刻的影响，需要进一步论证。

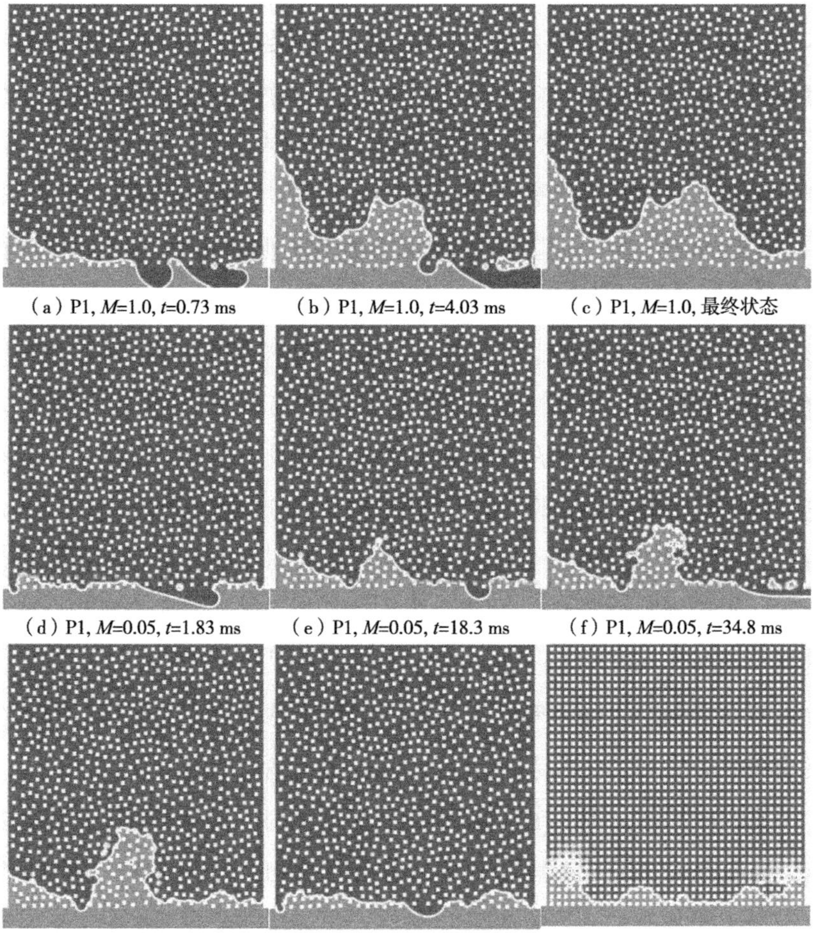

（a）P1, M=1.0, t=0.73 ms （b）P1, M=1.0, t=4.03 ms （c）P1, M=1.0, 最终状态

（d）P1, M=0.05, t=1.83 ms （e）P1, M=0.05, t=18.3 ms （f）P1, M=0.05, t=34.8 ms

（g）P1, M=0.05, 最终状态 （h）P1, M=0.01, 最终状态 （i）P4, M=1.0, 最终状态

图 5-16 黏度比的影响：不同渗吸阶段油水分布图

四、等价毛细作用的影响

致密储层渗吸采收率普遍偏低，室内实验一般采用添加表活剂的方式改变岩石表面润湿性和降低油水界面张力以达到提高采收率的目的。理论

上，毛管力的变化通常采用下式表征，

$$P_c = P_{nw} - P_w = \frac{\sigma\cos\theta}{r_a} \tag{5-25}$$

式中，P_c为毛管力，Pa；P_{nw}为非湿相压力，Pa；P_w为湿相流体压力，Pa；r_a为平均孔径，m。

根据式（5–25），假如保持$\sigma\cos\theta$的值和其他条件不变，而只改变体系油水界面张力和接触角，则最终模拟结果理论上也将不变。通过设定不同σ和$\cos\theta$的参数组合（详见表5–2）以探索这一推论在孔隙尺度是否亦成立。

图5–17中案例1、案例2和案例3分别对应$\cos60°\times36\ \mathrm{mN/m}$、$\cos50°\times28\ \mathrm{mN/m}$和$\cos20°\times19.16\ \mathrm{mN/m}$，可以明显看出不同条件下有着相同的毛细作用，但采收率却有很大的差异。对于P1模型，岩石表面越亲水，采收率也越高。具体来讲，案例3采收率超过18%，而案例1却只有1.3%。说明对于渗吸采收率，润湿性相较油水界面张力为更重要的参数。在相同毛细作用下，固体壁面润湿性越好，渗吸采收率也越高，该发现可以解释图3–3中不同表活剂条件下采收率不一致的情况。除P1模型外，其他几何结构均在案例2条件下有着最高采收率（不超过1%）。但不同模型彼此间的采收率差异不大，可能是由于采用了较窄的界面来捕捉扩散相界面，采收率很低（水相占据流体格点较少）时，采收率的统计可能会存在误差。总的来说，上述结果表明采用等价毛管力概念［见式（5–25）］，表征表活剂对采收率的影响效果是存在问题的，同时也暗示了通常将室内实验测得的空气—汞毛管力曲线换算为储层水—原油系统的毛管力这一方法的局限性。

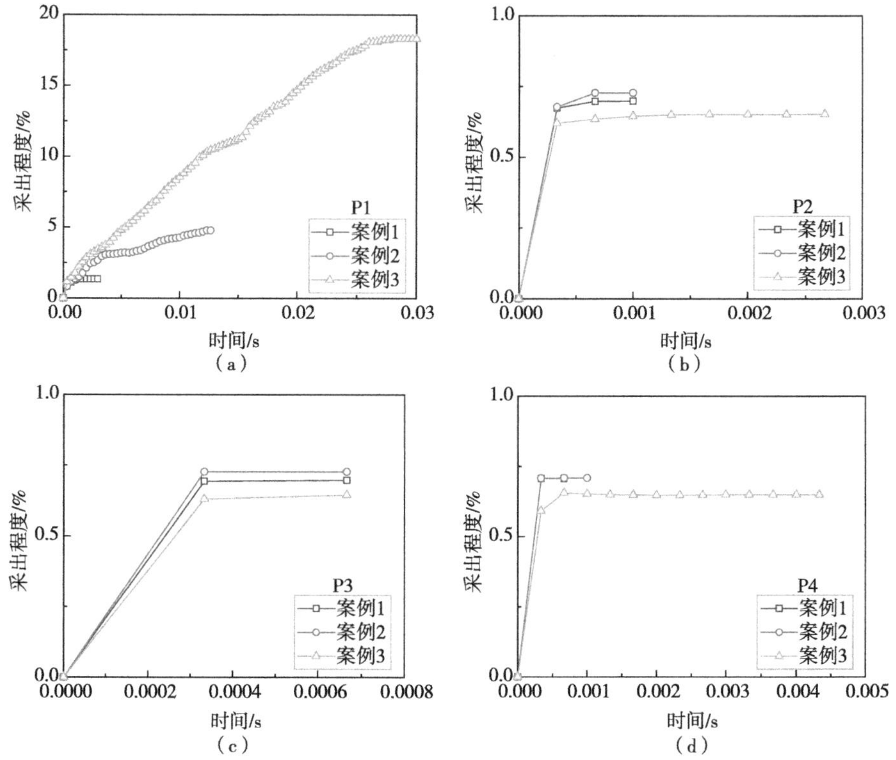

图 5-17　不同毛细作用组合条件下渗吸采收率随时间变化曲线

从最终的渗吸结束油水分布形态来看，尽管 P1 模型在案例 1 时有着最大的界面张力但最终没有油珠被挤出，采收率很低［见图 5-18（a）］。在案例 2 会形成一个稳定均匀的油水前缘［见图 5-18（b）］，而在案例 3 时裂缝内会形成两个大的油簇，长时间内两者并不聚合。水相在油簇左侧渗吸程度更高，中部形成了毛管指进现象［见图 5-18（c）］。值得一提的是，与上述许多情况类似，模型左侧的油珠最终又被水重新驱至基质［见图 5-18（d）］，渗吸结束基质中部形成了一个较为明显的指进［见图 5-18（e）］。模型 P2 至模型 P4 采收率极低，以案例 3 条件下的 P2 模型为例，最终水只能渗吸进一层颗粒［见图 5-18（f）］。

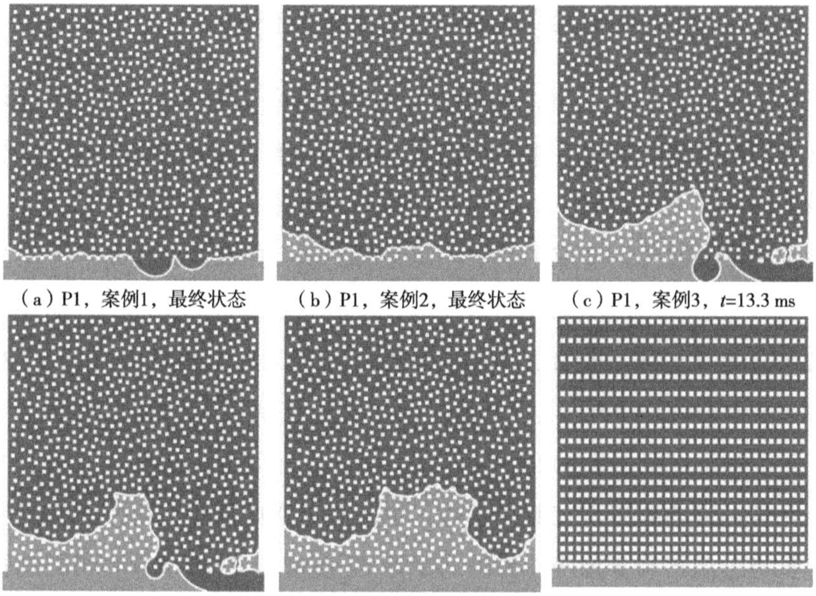

（a）P1，案例1，最终状态　（b）P1，案例2，最终状态　（c）P1，案例3，t=13.3 ms

（d）P1，案例3，t=15.0 ms　（e）P1，案例3，最终状态　（f）P2，案例3，最终状态

图 5-18　等价毛细作用的影响：不同渗吸阶段油水分布

第四节　渗吸模式下孔隙尺度事件与采收率关系及标度分析

模拟得到的渗吸结束时的油水前缘分布与 Gunde 等的结果并不相同，在 Gunde 等的研究中基质的波及效率更高，油珠更为分散，出现此不一致现象的原因可能是：①润湿边界条件的实施不同。本节采用了精确稳定的几何润湿边界（界面伪速度很小），而 Gunde 等采用了伪密度模型，此模型已被证实会带来非物理质量传导进而影响模拟结果。②时空尺度的不同。本节在微米和毫秒尺度上捕捉了孔隙尺度事件，而不是之前作者采用的更大时间尺度（分钟）。

一、孔隙结构对渗吸前缘和采收率的影响

从以上分析结果来看，孔隙结构对最终渗吸采收率有着重要的影响，不同的影响因素下颗粒不规则分布的 P1 模型总有着最高的采收率。在润湿性较差的情况下 ($\theta \geqslant 45°$)，系统未出现指进现象；而在强亲水情况下，毛管指进更容易发生，造成了油水不稳定的界面。但在强亲水条件下更大的渗吸动力一般也对应着更高的渗吸采收率。在某些特殊情况下，如界面张力为 72 mN/m 时（不符合实际油水系统），渗吸采收率很高（>50%），水相的渗吸甚至可以改变方向，从垂直于裂缝面到平行于裂缝面进行渗吸。

对于颗粒规则分布的 P2~P4 结构，渗吸在较短时间内停止且采收率很低，毛管指进均未出现在此类结构，说明对于逆向渗吸，规则结构能够抑制毛管指进但不利于渗吸。另外，尽管 P2 模型与 P3 模型有着相同的孔隙结构（孔隙度和渗透率），但渗吸采收率并不一致。P2 模型与 P3 模型均未出现指进现象，在某些场景下自发渗吸甚至不能发生。与 P2 模型相比，P3 模型第一层颗粒间间隔较大，毛管力更小，因此渗吸采出程度也更小。而 P4 模型由于颗粒间距一致，毛管力处处均匀，采收率大于 P2 模型和 P3 模型。对于文章中的逆向渗吸配置，裂缝进出口的压力梯度主要作用是辅助排出裂缝中的非湿相流体，油水运移的主要动力为毛管力。对于渗吸进基质的水，毛管力为动力而黏滞力为阻力，而当油相从基质中被置换出来时，毛管力变为阻力。由于在与裂缝面接触处，P2 模型至 P4 模型毛管力均匀分布，使得非湿相的排出也需要克服较大的阻力，渗吸不能有效地进行。相反，P1 模型毛管力的不均匀分布使得水从局部较大毛管力处进入基质，而从较小毛管力处排出，因而形成连续稳定的油流运移通道。因此可以推断对于逆向渗吸，不规则的多孔介质更有利于自发渗吸。

二、润湿性对逆向渗吸采收率影响的再认识

过去，研究人员在多孔介质加压渗吸实验中发现在较小毛管数下，润湿性对最终采收率有着非单调性的影响，强亲水条件主要流动模式以湿相

的角隅流为主导，造成了采收率的下降。根据图 5–9，初步发现对于逆向渗吸，润湿性与渗吸采收率存在正相关关系，即润湿性越好渗吸毛管动力也越强，采收率也越高。在前面章节的基础上，进一步设定了接触角为 10°、20° 和 30° 的渗吸模拟，发现润湿性与采收率依然呈正相关关系。

通过调节接触角 θ 为 20° 和 30° 并保持黏度比 M 和毛管数 Ca 分别为 1/3 与 4.17×10^{-4}，得到了 P1 模型在该条件下的渗吸采收率曲线，见图 5–19，发现润湿性与采收率高低并不呈单调关系，采收率最高值出现在 θ=20° 时。

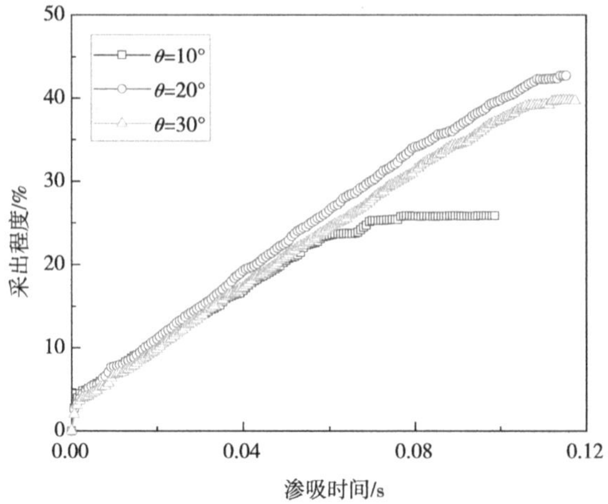

图 5–19　不同接触角条件下 P1 模型渗吸采收率随时间变化曲线

由图 5–13（f）可知，在 θ = 10° 时的渗吸能量主要用于形成左侧狭长的毛管指进，进而降低了渗吸的波及效率。通过观察 θ = 20° 和 θ = 30° 条件下最终油水分布图［见图 5–20（a）和图 5–20（b）］，发现两者渗吸效率相近，在模型左侧均未有毛管指进形成。因此推断，自发渗吸研究中润湿性是否与采收率呈正相关关系同所采用的毛管数和黏度比等有关。值得一提的是，这一发现尚未在自发渗吸模拟或实验研究中被报道。

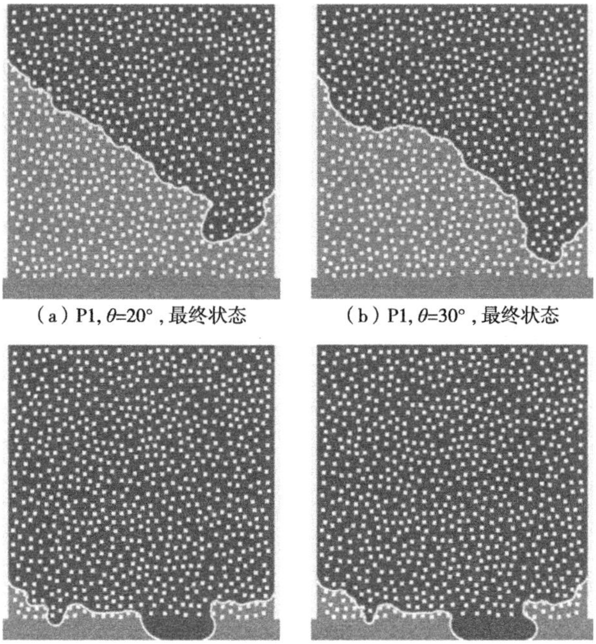

（a）P1, θ=20°，最终状态　（b）P1, θ=30°，最终状态

（c）P1, θ=20°，t=1.33 ms　（d）P1, θ=20°，t=2 ms

图 5-20　不同渗吸阶段下 P1 模型油水分布

三、不同因素对于孤立油珠形成的影响

此外，研究中发现孤立油滴只在接触角为 10° 的条件下才会形成，推断其主要原因是岩石壁面越亲水，湿相越容易在固体表面铺展，进而导致油相容易断裂。为证明该观点，绘制了 θ = 20° 时特定时刻油水分布特征［见图 5-20（c）和图 5-20（d）］，发现没有形成孤立油滴，渗吸初期被挤出的油珠又被水相推进了基质，说明强亲水条件有助于孤立油滴的形成。Rokhforouz 和 Amir 的研究也得到了类似的结论，强水湿条件下颗粒间水相的搭桥效应，促进了油珠的破裂与剥离。

类似地，额外开展了黏度比 M 为 1/5 和 1/10，接触角 θ 与毛管数 Ca 分别为 10° 和 4.17×10^{-4} 条件下的油水渗吸模拟，发现油相黏度越大，流体间黏滞力越大，在一定程度上抑制了油珠的形成。此外从图 5-12 可以发现，界面张力越小，油相越容易变形，因此更容易从基质剥离形成油珠。

四、渗吸采收率的标度分析

标度模型作为自发渗吸研究中的一个重要工具，可以用来预测渗吸采收率。目前广泛使用的模型大多针对常规中高渗储层建立，认为渗吸采收率与渗吸时间呈平方根关系。然而第三章的渗吸实验表明，对于非常规致密油砂岩在 TEO 边界条件或润湿性改变后，现有的标度模型已不再适用，可能是由致密岩石复杂的孔隙结构和纳米孔隙中复杂的流固作用力等引起的。本章孔隙尺度模拟研究未考虑油水重力和各种微观界面作用力的影响，旨在论证常用标度模型是否在孔隙尺度成立。

对不同几何模型在不同模拟条件下得到的渗吸采收率随时间变化曲线采用时间方根关系式进行拟合，结果见表 5-3。需要说明的是，模型 P2 至模型 P4 渗吸效果差，采收率低，因此只挑选了模型 P1 和模型 P4 进行分析。尽管由于模拟条件的不同，模型 P1 渗吸过程中可能会出现显著的毛管指进或稳定的油水前缘，但从表 5-3 可以看出，总体上模型 P1 渗吸曲线与标度模型拟合相关系数较高，说明了传统标度模型的可靠性。表 5-3 中带有黄色标记部分，相关系数较低，对应于从模型 P1 置换出的无法被剥离出基质的油珠的情形，渗吸效果很差。换句话说，标度模型在岩石弱亲水时应用效果不理想。在大多数情形下，模型 P4 拟合系数较差。在逆向渗吸中，规则模型虽能够抑制毛管指进，形成稳定的油水前缘，但渗吸采收率随时间变化并不呈现方根关系，体现了孔隙结构对于渗吸动力学的重要影响。

表5-3　采用常规标度模型拟合模型P1和模型P4渗吸采收率曲线结果

影响因素	P1		P4	
	标度模型	R^2	标度模型	R^2
$\theta=15°$	$y=73.75x^{0.5}$	0.962	$y=39.55x^{0.5}$	0.854
$\theta=45°$	$y=47.57x^{0.5}$	0.978	$y=21.34x^{0.5}$	0.615
$\theta=75°$	$y=17.31x^{0.5}$	0.762	$y=15.74x^{0.5}$	0.526
$\sigma=72$ mN/m	$y=123.5x^{0.5}$	0.919	$y=94.22x^{0.5}$	0.722
$\sigma=36$ mN/m	$y=89.41x^{0.5}$	0.965	$y=61.29x^{0.5}$	0.722
$\sigma=9$ mN/m	$y=67.25x^{0.5}$	0.943	—	—

续表

影响因素	P1		P4	
	标度模型	R^2	标度模型	R^2
$M=1.00$	$y=205.5x^{0.5}$	0.893	$y=90.79x^{0.5}$	0.921
$M=0.05$	$y=35.32x^{0.5}$	0.899	$y=15.4x^{0.5}$	0.946
$M=0.01$	$y=15.21x^{0.5}$	0.953	$y=2.56x^{0.5}$	0.647
cos60° ×36.00 mN/m	$y=30.32x^{0.5}$	0.683	$y=31.12x^{0.5}$	0.914
cos50° ×28.00 mN/m	$y=43.62x^{0.5}$	0.981	$y=31.19x^{0.5}$	0.915
cos20° ×19.16 mN/m	$y=100.6x^{0.5}$	0.927	$y=19.69x^{0.5}$	0.693

第六章

流体惯性作用在渗吸过程中扮演的角色

过去的多相流驱替模拟研究表明，流体惯性作用对于流体运移模式有着重要影响，能够改变流体侵入孔隙的顺序，进而影响流体分布。Chen 等提出一种优化颜色梯度 LB 模型用于研究非均质多孔介质超临界 CO_2 驱替盐水的过程中流体惯性效应的影响，发现更强的流体惯性力有助于扩展 CO_2 渗流通道，从而提高 CO_2 的饱和度，有利于封存 CO_2。同样，Kang 和 Yun 在模拟中设定了大范围的雷诺数（*Re*）和黏度比条件，发现增大流体惯性能够增加侵入流体的流动路径。与此同时，识别了过渡流区域的边界以描述残余饱和度与雷诺数的关系。

然而，惯性力是否在多孔介质油水逆向渗吸中发挥着重要作用，目前未有定论。本章的主要目的是揭示流体惯性在油水逆流自吸过程中的作用。

第一节　几何模型

模拟中采用的基质—裂缝模型与上一章类似，基质开口端与裂缝连接，基质其余三个方向均为封闭边界，以此构造 OEO 边界条件。与上一章不同的是，本部分基质由随机圆形颗粒组成。其中，为满足流动模拟网格无关性需求，模型中任意两个圆形颗粒最小间距不少于 6 个格子距离，这种基质—裂缝模型已广泛应用于流体自吸特征实验和模拟的研究中，详见图6–1。渗吸模拟中，通过在裂缝入口和出口间施加一定的压力梯度以将从基质中被置换的油相驱替出裂缝。

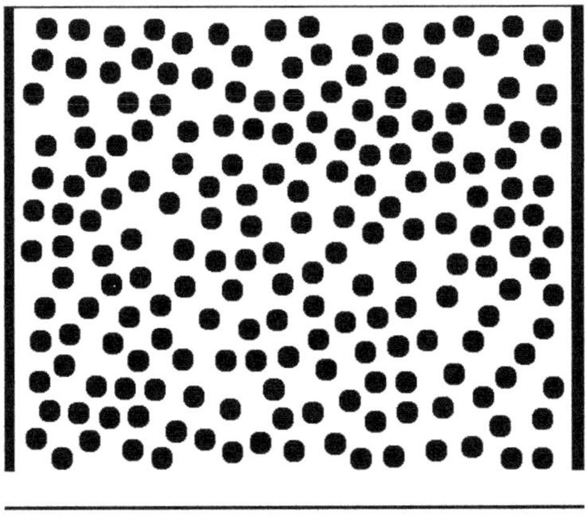

图 6–1　基质—裂缝模型

通过调整参数生成了相同毛管数 (*Ca*) 但不同 Ohnesorge 数 (*Oh*) 的模拟条件，用以定量表征惯性作用对多孔介质油水自吸的影响。*Oh* 数定义为 $\mu/\sqrt{\rho\sigma D}$，用以粗略估计黏性力与惯性力和表面张力的比值；类似地，*Ca* 和 *Re* 分别表示为 $\mu u_{in}/\sigma$ 和 $\rho u_{in} D/\mu$。其中，u_{in} 为注入速度；D 为特征长度，为基质渗透率 K 的平方根，由单相流 LB 模型模拟求得，μ 为注入流体的动态黏度。

考虑到 *Oh* 数反映了黏性力与惯性力和表面张力的比值，若只研究流体惯性对于自发渗吸行为的影响，应使黏性力与毛管力的影响恒定。换句话说，在所有模拟中应采用相同的 *Ca*。基于这一论断，通过调整注入速度、界面张力和非湿相流体黏度生成了所设定的 *Ca*、黏度比、*Re* 和 *Oh* 的值，详见表 6–1。需要注意的是，油水之间界面张力通常在 20~40 mN/m 变化。因此，所有的模拟中，油水界面张力统一设置为 30 mN/m。同样，*Ca* 值固定为 5×10^{-4}，这在油藏条件下较为常见。此外，需要说明的是，这里的黏

度比 M 的定义，与第五章有所不同，这里指代的是非湿相流体黏度与湿相流体的比值。

表6-1　渗吸模拟所用参数

M	案例号	σ	U_{in}	Oh	Re	Ca
1.0	1	0.0612245	3.06×10^{-3}	3.08×10^{-2}	5.28×10^{-1}	5.00×10^{-4}
	2	0.0300000	1.50×10^{-3}	4.40×10^{-2}	2.59×10^{-1}	5.00×10^{-4}
	3	0.0075000	3.75×10^{-4}	8.79×10^{-2}	6.47×10^{-2}	5.00×10^{-4}
	4	0.0012000	6.00×10^{-5}	2.20×10^{-1}	1.04×10^{-2}	5.00×10^{-4}
	5	0.0006122	3.06×10^{-5}	3.08×10^{-1}	5.28×10^{-3}	5.00×10^{-4}
10.0	1	0.0612245	3.06×10^{-3}	3.08×10^{-2}	5.28×10^{-1}	5.00×10^{-4}
	2	0.0300000	1.50×10^{-3}	4.40×10^{-2}	2.59×10^{-1}	5.00×10^{-4}
	3	0.0075000	3.75×10^{-4}	8.79×10^{-2}	6.47×10^{-2}	5.00×10^{-4}
	4	0.0012000	6.00×10^{-5}	2.20×10^{-1}	1.04×10^{-2}	5.00×10^{-4}
	5	0.0006122	3.06×10^{-5}	3.08×10^{-1}	5.28×10^{-3}	5.00×10^{-4}
100.0	1	0.0612245	3.06×10^{-3}	3.08×10^{-2}	5.28×10^{-1}	5.00×10^{-4}
	2	0.0300000	1.50×10^{-3}	4.40×10^{-2}	2.59×10^{-1}	5.00×10^{-4}
	3	0.0075000	3.75×10^{-4}	8.79×10^{-2}	6.47×10^{-2}	5.00×10^{-4}
	4	0.0012000	6.00×10^{-5}	2.20×10^{-1}	1.04×10^{-2}	5.00×10^{-4}
	5	0.0006122	3.06×10^{-5}	3.08×10^{-1}	5.28×10^{-3}	5.00×10^{-4}

第二节　流动阶段与孔隙尺度事件

首先在图 6-2 中给出了所有模拟条件下的最终油水前缘分布，观察到不同情况下均具有稳定的相界面，基质中无残留油滴滞留。然而，当 $M = 1.0$ 时，不同 Oh 下基质内含水饱和度差异明显。在案例 3 时（$Oh = 8.79\times10^{-2}$）湿相波及效率最高。除案例 3 外，其他条件均有着相似界面形态。当 $M =$ 10.0 和 100.0 时，含水饱和度与油水界面形态均无明显差异。因此，重点考虑了 4 种不同条件下的油水渗吸动力学行为，详见图 6-3。

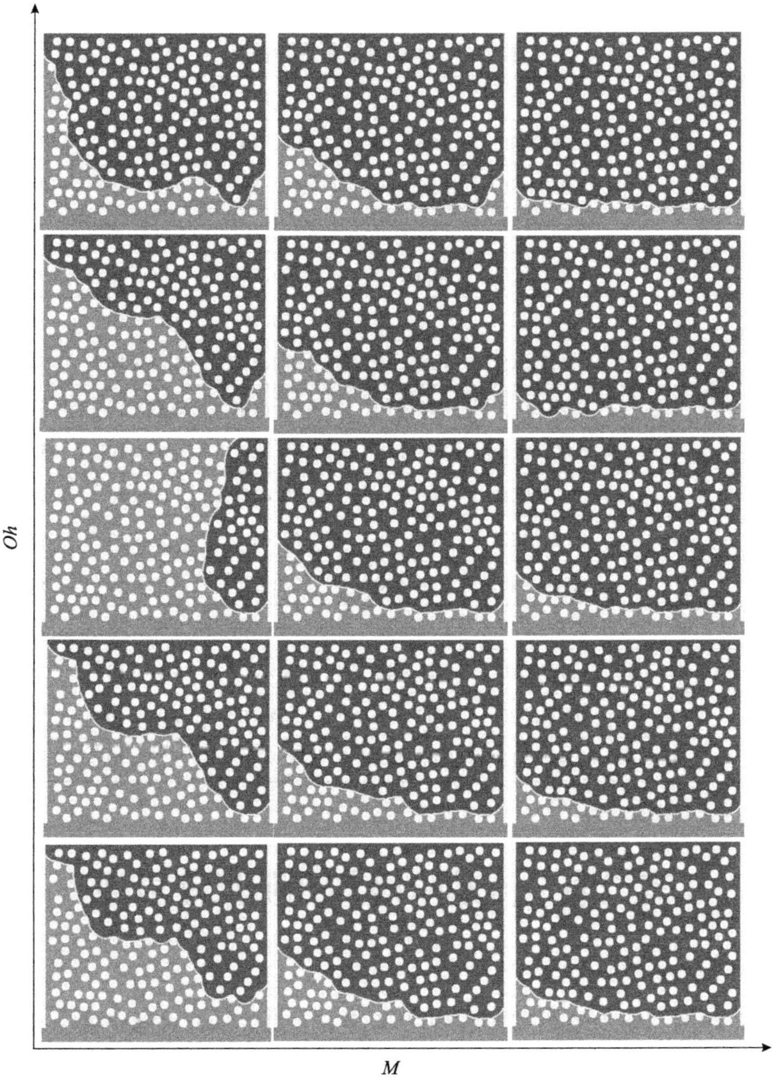

图 6-2　渗吸结束时不同黏度比（M）和 Oh 条件下的最终油水分布

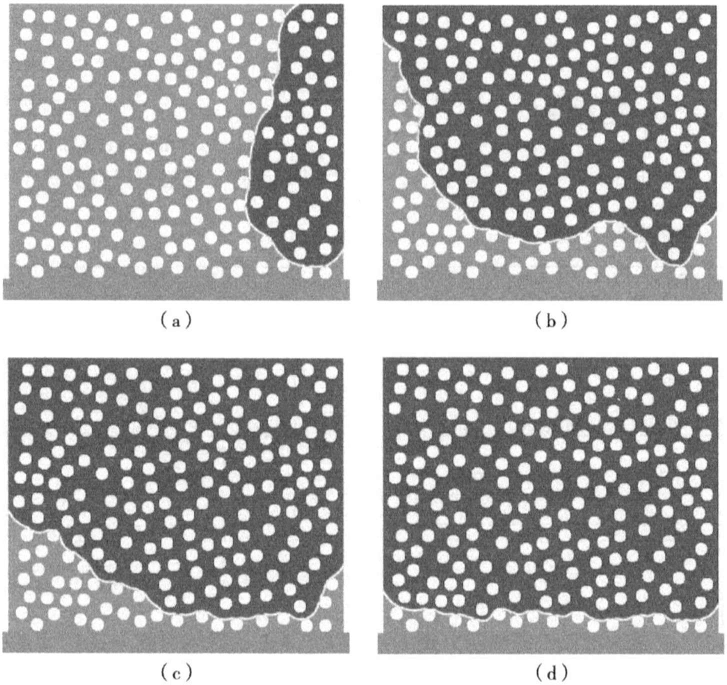

图 6-3　四种不同条件下渗吸结束时油水分布形态

(a) $M=1.0$, 案例 3；(b) $M=1.0$, 案例 5；(c) $M=10.0$, 案例 5；(d) $M=100.0$, 案例 5

从图 6-3（a）可以看出，裂缝中大量水相被吸入基质，将大部分油相从基质中驱替出来。此时，相应的波及效率最高，剩余油主要残留在基质右侧。图 6-3（b）中，基质左侧出现了明显毛管指进现象，渗吸前缘无法波及基质顶部，这是渗吸过程中系统压力不断变化影响了油水弯液面曲率，使得毛管力无法克服局部黏滞阻力所致。此外，沿裂缝方向剩余油分布越来越明显。由图 6-3（c）和图 6-3（d）可知，两种条件下基质中剩余油饱和度存在一定差异。尽管两者黏度比不同，但有着相似的界面前缘形态，与图 6-3（a）和图 6-3（b）相比，更类似于活塞式驱替模式。流体饱和度的变化是渗吸过程中许多孔隙尺度事件作用的综合体现，是由毛细作用、惯性力和黏性力等共同决定的。

通过分析裂缝进口和出口间的压力差，以识别不同条件下的流动状态，如图 6-4 所示。进出口压差为正，说明驱动力为毛细压力和施加的压差。

反之，压差为负，说明毛细压力为唯一驱动力。

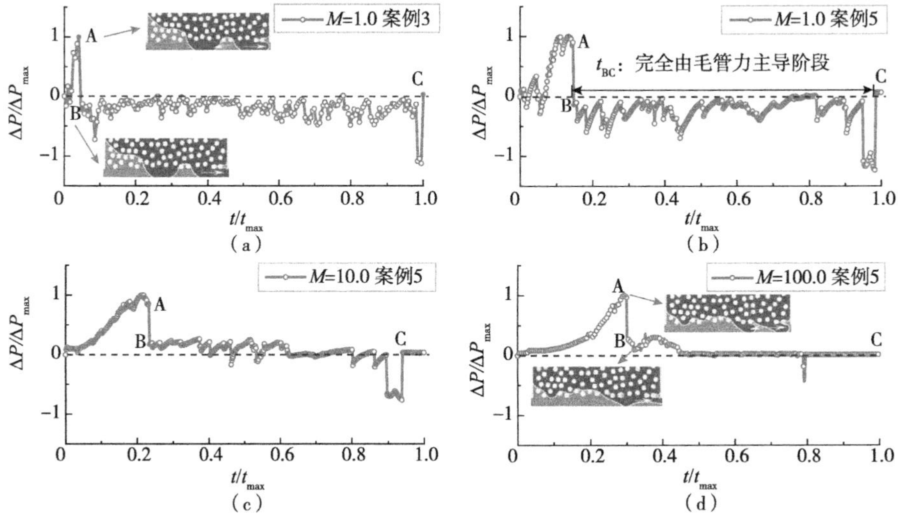

图 6-4　裂缝进出口无量纲压力差（$\Delta P/\Delta P_{max}$）与无量纲时间（t/t_{max}）的关系

从图 6-4（a）可以看出，压差只在渗吸初期大于 0，最大压差位于 A 点。此时，插图中两个弯液面（黄色箭头所示）产生的毛细力方向与压力梯度方向相反，说明毛管力为阻力作用。当靠近出口的弯液面已经被驱替出裂缝时，从 A 点到 B 点，压差急剧下降。从 B 点到 C 点，压差始终小于 0，此时的流动阶段完全由毛管力占据主导，成为毛细流动阶段。到 C 点时，油相已经完全被驱离裂缝，为维持所设定的恒定注入流速，此时压差重新大于 0。由图 6-4（b）可以看出，随着 *Oh* 的增大（惯性作用变弱），压差随渗吸时间的波动变化与图 6-4（a）相似。然而，相较于案例 3，案例 5 中毛管力主导阶段的持续时间更短。从图 6-4（c）可以看出，在保持 *Oh* 和 *Ca* 不变的同时，将黏度比提高至 10.0，毛管力主导阶段大大降低，此时压差作为驱动力在渗吸过程中扮演着更为重要的角色，称为毛细—黏滞流动阶段。当黏度比进一步增大至 100.0 时，整个渗吸过程中压差几乎恒大于 0［见图 6-4（d）］。对于多相流，流体黏性力 P_{vis} 可以简化为 $P_{vis} \sim (\mu_{nw} - \mu_{w}) u_{in} / K$，流体注入速度或非湿相黏度越大，流体黏滞阻力也越大。也就是说，注入低流速无法保证基质与裂缝间传导一定由毛管力主导。从 A 点和 B 点的油水分布（黄色箭头）情况来看，需克服出口附近的毛管力。因此，A 点对应于最大压差，当油团被移到出口时，进出口压差被释放。之后，两个油团合并成一个喷射状的油簇，这与图 6-4（a）中的驱油动力学不同，Gu 等的研究也发现了类似的现象。

图 6-5（a）中黄色圆圈和箭头显示水会优先侵入小孔隙，将相邻大孔隙中的油相挤出，这与 Gunde 等的研究发现一致。从图 6-5（b）和图 6-5（c）可以看出，孔隙间的三个弯液面（AB、BC 和 CD）通过协同充填的方式，演化为三个新的弯液面 (AB′ 、B′ C′ 和 C′ D)，这种孔隙尺度机理能够平滑流体界面，形成稳定侵入模式。从图 6-5（d）和图 6-5（e）可以看出，水从多个方向被吸入基质中，渗吸方向甚至平行于裂缝，未体现方向依赖性，这与毛管指进现象类似。图 6-5（f）和图 6-5（g）为 M = 100.0 的情形下两个连续时间步的局部流态，发现无法通过毛细作用置换基质中的大油滴并接触裂缝壁面。相反地，油簇以喷射状形式在裂缝中运移。值得注意的是，研究中未发现相邻固体颗粒间的水膜桥接作用、黏滞不稳定性导致的残余油滴以及 Haines 跳跃现象，这可能与模拟参数的设置有关，如孔隙几何形状、裂缝宽度、润湿性和其他流体性质等。

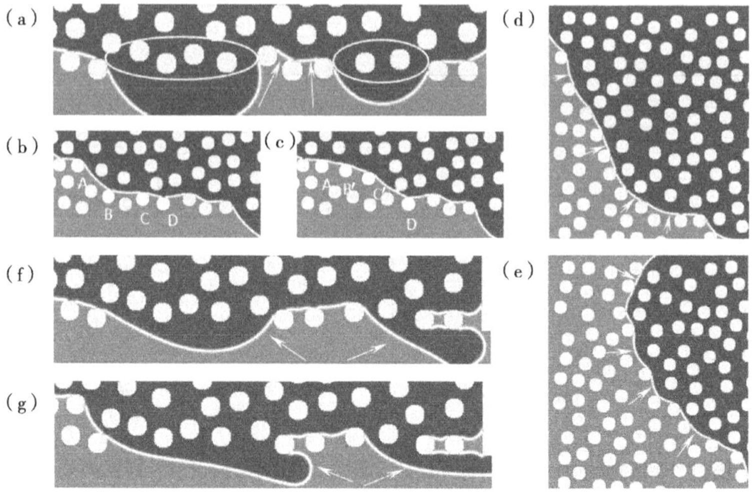

图 6-5　逆向渗吸过程中所涉及的局部孔隙尺度事件

第三节 流体惯性对于侵入模式和采收率的影响

在定性分析不同条件下孔隙尺度流体动力学和流体驱替模式的差异的基础上，本节着重定量评价惯性力对油水自吸行为的影响。渗吸采收率等于基质中吸入的水量，采用两相界面面积（A_{int}）和非湿相分形盒维数（D_f）以表征流体分布形态。一般而言，D_f 越大，流体分布形态越不规则。

由图 6-6（a）可知，在 $M = 1.0$ 时，Oh 数对渗吸采收率有着非单调性影响，即存在一个临界 Oh 数达到最高渗吸采收率。超过该临界值，采收率随 Oh 的增大而减小。在 $M = 10.0$ 和 100.0 时，采收率对 Oh 的变化不敏感。这表明，流体惯性对于轻质油藏的渗吸采油有着重要影响，而对重质油藏的影响则可以忽略不计。从图 6-6（b）和图 6-6（c）可以看出，随 Oh 的增大 D_f 和 A_{int} 呈现出相似的变化趋势。当 $M = 10.0$ 和 100.0 时，不同条件下的流体前缘形态非常相似，Oh 的变化对于采收率、A_{int} 和 D_f 三个参数的影响可能很小。但当 $M = 1.0$ 时，存在临界 Oh，此时对应着最小的 A_{int} 和 D_f，这表明在临界 Oh 值时，流体分布形态是最规则的，而案例 5 时的流体分布最不规则。此外，采收率越高，所对应的界面面积越小。

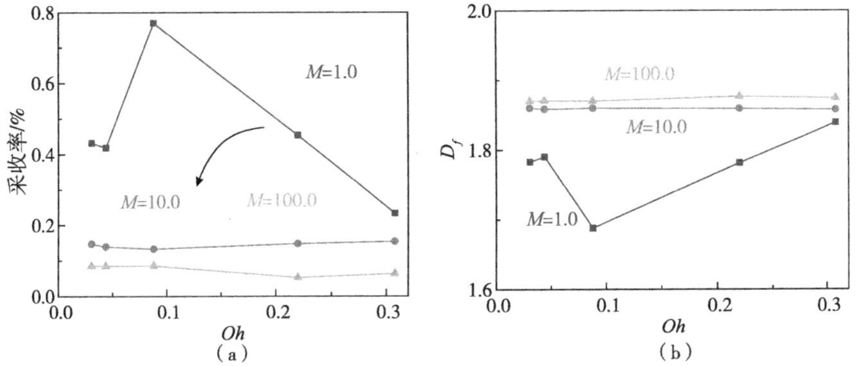

图 6-6 惯性作用对于（a）采收率、（b）非湿相分形盒维数、（c）界面面积的影响；（d）非湿相分形盒维数和两相界面面积随渗吸采收率的变化关系

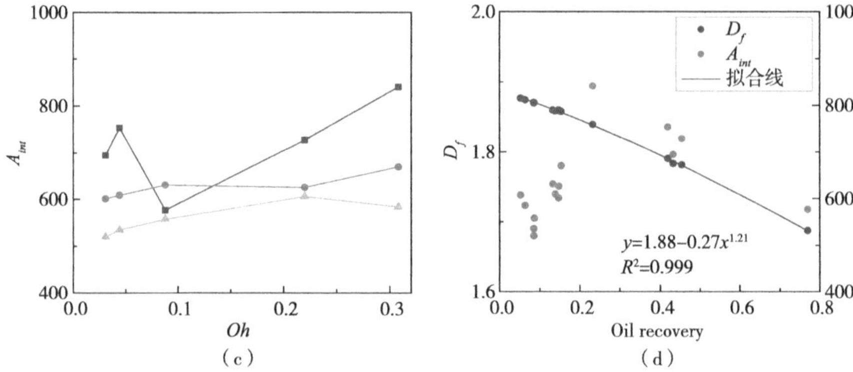

图 6-6　惯性作用对于（a）采收率、（b）非湿相分形盒维数、（c）界面面积的影响；（d）非湿相分形盒维数和两相界面面积随渗吸采收率的变化关系（续）

为进一步研究 A_{int}、D_f 与采收率之间的关系，绘制了不同黏度比条件下的 A_{int} 和 D_f 随采收率变化趋势，如图 6-6（d）所示。发现 A_{int} 随采收率的增加呈现先增加后下降的趋势，两者之间并没有明显的相关性。此外，采用幂律关系式能够较好地表征采收率与 D_f 间的关系。Bakhshian 等在非湿相流体驱替湿相流体的模拟研究中，发现对于不同的 *Ca* 和黏度比，非湿相流体残余饱和度与分形维数满足对数关系。此外，Liu 等在液态 CO_2 埋存模拟研究中发现，界面面积与 CO_2 饱和度可以通过幂律关系式进行拟合，这与本书的研究结果并不一致，可能是由驱替与渗吸模式的差异性造成的。

图 6-6（a）表明，当 $M = 1.0$ 时，渗吸采收率在很大程度上依赖于 *Oh*。重点考察了案例 3 和案例 4 条件下的流体流动特征，以揭示流体惯性在逆向渗吸中的作用特征。从图 6-7 可以看出，两条渗吸采出曲线几乎重合直至案例 4 达到稳态，说明两种条件具有相同的渗吸动力学行为。绘制了在注入裂缝体积倍数（注入流体体积与裂缝体积的比值）为 3.13 时的油水分布。对于案例 3，水可以继续推进并波及基质顶部，进而为渗吸提供了更多的流动通道，表现在水可以从多个方向侵入基质，正如图 6-5 所示。相比之下，案例 3 中水不能进一步前进而波及顶部边界，从而导致采收率较低，这种情况也体现在了其他三种情形下（见图 6-2）。总的来说，流体惯性力可以

影响局部流体渗吸行为，从而改变流体渗吸路径，这也解释了采收率随 Oh 变化的非单调性行为。

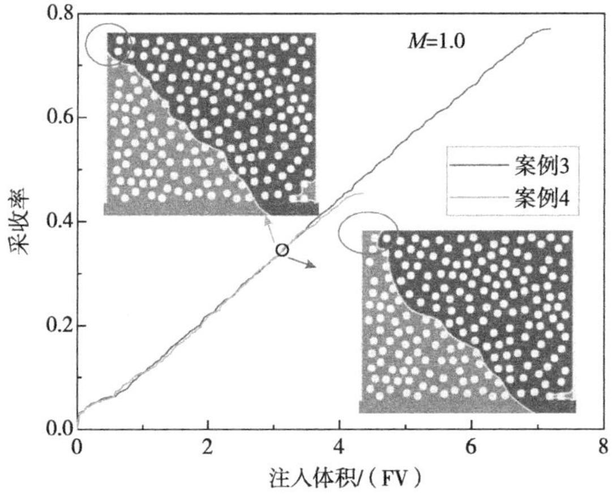

图 6–7　不同条件下采收率随流体注入体积的变化

第四节　能量转化分析

多相流热动力学分析理论不受多孔介质复杂孔隙结构的约束，能够定量评价流动过程中动能、表面能、耗散能和外力功之间能量转换的特征，有助于识别流体流动模式，并探究多孔材料中的流体局部振荡行为。

上述结果表明，当 $M = 1.0$ 时，油水渗吸以毛细作用为主导。然而，随着黏度比的增大，流体流动模式由以毛细力为主导向毛细—黏性共同主导转变，再转变为以黏性力为主导。因此，当 $M = 1.0$ 时，渗吸系统的能量平衡方程表示为：

$$|\Delta F| = |W_{ext}| + \int \Phi dt + E_k \tag{6-1}$$

式中，ΔF 为减少的表面能，J；W_{ext} 为外力功，J；Φ 为能量耗散率，J/s；E_k 为动能。

四个物理量的表达式分别为，

$$E_k = \frac{1}{2}\int_\Omega \rho u^2 \mathrm{d}\Omega \tag{6-2}$$

$$\mathrm{d}F = \sigma\left(\mathrm{d}A_{nw} - \cos\theta \mathrm{d}A_{ws}\right) \tag{6-3}$$

$$\Phi = 2\int_\Omega \mu\dot{\varepsilon} : \dot{\varepsilon} d\Omega = \int_\Omega \mu\left[2\left(\frac{\partial u_x}{\partial x}\right)^2 + 2\left(\frac{\partial u_y}{\partial y}\right)^2 + \left(\frac{\partial u_x}{\partial y}\right)^2 + \left(\frac{\partial u_y}{\partial x}\right)^2 + 2\frac{\partial u_x}{\partial y}\frac{\partial u_y}{\partial x}\right]\mathrm{d}\Omega \tag{6-4}$$

$$W = \int Q\Delta P(t)\mathrm{d}t \tag{6-5}$$

式中，A_{nw} 为流体间界面面积，m^2；A_{ws} 为湿相流体与固体相接触的界面面积，m^2；$\dot{\varepsilon}$ 为应变率张量，表示为$\left[\nabla u + (\nabla u)^{\mathrm{T}}\right]/2$；$Q$ 为裂缝出口流量，m^3/s。

一方面，随着黏度比的增大，能量转换方向也会发生改变。更确切地说，当 $M = 1.0$ 时，降低的表面能被部分耗散，而当 $M = 10.0$ 和 100.0 时，外力功和降低的表面能均转化为耗散能。此时，能量平衡方程为，

$$\left|\Delta F\right| + W_{ext} = \int \Phi \mathrm{d}t + \Delta E_k \tag{6-6}$$

另一方面，在低毛管数的逆向渗吸模拟中，E_k 约为 0，因此该项在计算中可忽略不计。

考虑到当 $M = 10.0$ 和 100.0 时，能量转换规律相同，因此仅给出了在 $M = 1.0$ 和 10.0 时的表面能和外力功随注入流体体积的变化，如图 6–8 所示。从图 6–8（a）和图 6–8（b）可以看出，无量纲表面能随注入体积的增大而逐渐增大。外力功在早期为正，之后变为负，说明施加的外力阻碍流体流动（随着注入流体量的增加，外力功和表面能的变化曲线所呈现的波动是由系统压力的不断重新配置和不可逆孔隙事件所引起的。）另外，不同条件下的 $-\Delta F/\sigma K$ 随注入体积的变化曲线几乎重合。图 6–8（b）中的外力功随注入体积变化曲线也呈现出类似的趋势，这表明尽管 Oh 变化，渗吸过程中流体流动特征和流动模式是一致的。当 $M = 1.0$ 时，采收率与表面能和外力

功大小成正比。例如，案例 3 条件下外力功做功最大，降低的表面能最大，对应着最高渗吸采收率，而案例 5 的采收率和能量消耗均为最低。

与 $M = 1.0$ 时相似，当 $M = 10.0$ 时，基质—裂缝模型的流动模式不随 Oh 的变化而改变，这可以通过 $-\Delta F/\sigma K$ 和 W_{ext} 与注入体积的变化关系体现［见图 6–8（c）和图 6–8（d）］。当 $M = 10.0$ 时，外力功在整个渗吸过程均为正，虚线圈所标记的外力功的下降是由进出口压差为负造成的［见图 6–8（d）］。此外，从图 6–8（c）中可以看出，表面能越大，采收率也越高，尽管不同 Oh 的采收率差异并不显著［见图 6–6（a）］。根据表面能和外力功的大小，进一步证明 $M = 10.0$ 时为毛细—黏性流动阶段。其中，毛细力为主导作用力。因此，不同 Oh 条件下外力功的微小差异不太可能会对采收率产生显著影响，即采收率与外力功的大小无关。

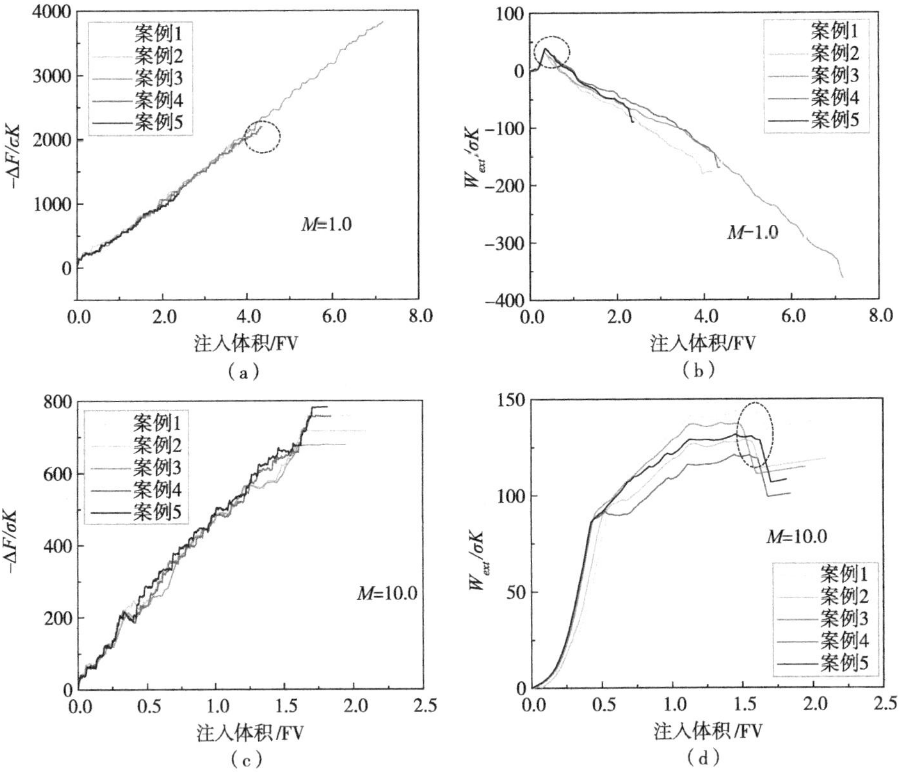

图 6–8　当 $M = 1.0$ 和 $M = 10.0$ 时的无量纲表面能和外力功随注入体积的变化关系

图 6–9（a）显示了 $M = 1.0$ 时的能量转换效率与 Oh 之间的关系，耗散能消耗率（耗散能与表面能比值）为 90.5%~ 93.2%，耗散能占比与渗吸采收率的大小无关。Hu 等报道了粗糙裂缝中能量转换效率与渗吸流动状态的关系，当 $Ca < 7.19 \times 10^{-7}$ 时，渗吸过程中 51%~58% 的表面能被快速且不可逆的孔隙尺度事件耗散，与本节结果不一致可能是 Hu 等采用的同向渗吸模式、更复杂的几何模型（粗糙裂缝）以及更大的黏度比造成的。在较高黏度条件下，需要更大的外力功以辅助渗吸驱油。因而，外力功始终为正，与表面能共同被耗散。为此，定义了表面能占比即表面能占总功的比值，并将表面能比与 Oh 的关系呈现于图 6–9（b）中。当 $M = 10.0$ 时，表面能占比为 84.6%~88.2%，证实了毛管力的主导作用。而当 $M = 100.0$ 时，表面能占比为 39.7%~47.6%，表明随着黏度比的增大，需要更多的外力功以驱替非润湿油相，主导力由毛细作用转变为外部驱动力。

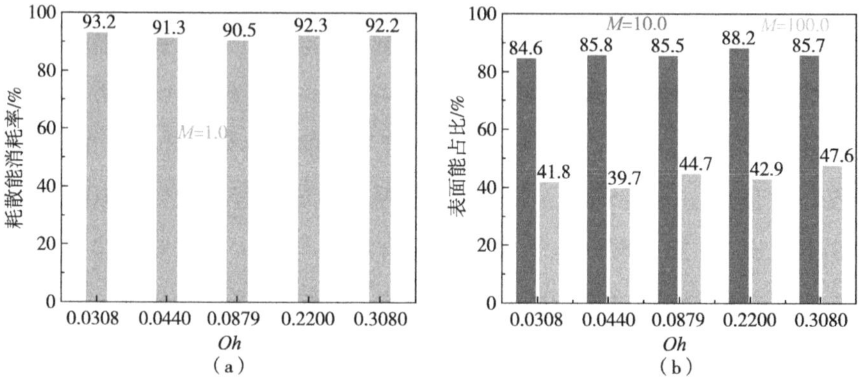

图 6–9 （a）当 $M = 1.0$ 时，不同 Oh 条件下的耗散能消耗率；（b）当 $M = 10.0$ 和 $M = 100.0$ 时，不同 Oh 条件下的表面能占比

综上所述，逆向渗吸以毛细作用为主时，渗吸波及效率较高，因而所对应的采收率也较高。同时，润湿相与非润湿相之间的黏滞耦合作用越强，越不利于采油。此外，Oh 的变化对耗散能消耗率和表面能占比的影响较小。换句话说，在逆流渗吸过程中，流体惯性对能量转换效率的影响是微不足道的。

第五节　标度分析

标度模型主要用于对渗吸数据进行标度，进而预测渗吸速度和采收率，是渗吸理论的一个重要研究分支。现有的针对常规储层建立的渗吸标度模型忽略了流体惯性力，其理论基础是岩样渗吸采收率与渗吸时间的平方根呈线性关系，而当 $M = 1.0$ 时，非湿相饱和度与渗吸时间呈线性关系。本章孔隙尺度渗吸模拟研究中未考虑流体重力和各种微观力的影响，主要目的是研究惯性作用对于标度分析的影响，并评价标度模型在孔隙尺度条件下的应用能力。

图 6–10 描述了在 3 种黏度比条件下，不同流体惯性作用下的渗吸采出程度随时间变化趋势。需要说明的是，图中已经删除渗吸达到稳定阶段（此时渗吸采出程度不变）时的部分无效数据，以便进行渗吸数据的拟合处理。不同标度关系的拟合结果，列于表 6–2 中。如图 6–10（a）所示，采用幂律关系式进行拟合，不同条件下都有着不错的拟合效果（$R^2 > 0.98$），幂指数均接近 1.0。与此同时，采用线性关系式也能较好地拟合模拟数据。由图 6–10（b）可知，理论标度模型的拟合结果与模拟数据吻合良好（$R^2 > 0.92$），幂指数范围为 0.71~0.76（见表 6–2），但当 $M = 100.0$ 时，采用理论模型进行拟合会存在较大偏差。即使采用幂律关系式拟合，拟合效果相比于其他两种情况也较差［图 6–10（c）］。

正如之前章节所述，惯性力只有在低黏度比的条件下才会对采收率产生显著影响。尽管如此，图 6–10（a）和表 6–2 的结果表明，不同 *Oh* 数条件下的幂律拟合系数均比较接近，说明流体惯性不是控制渗吸物理的决定性因素。因此可以总结出，惯性力只影响流体局部渗吸行为，而不会对整体多孔介质逆向渗吸动力学行为造成较大影响。

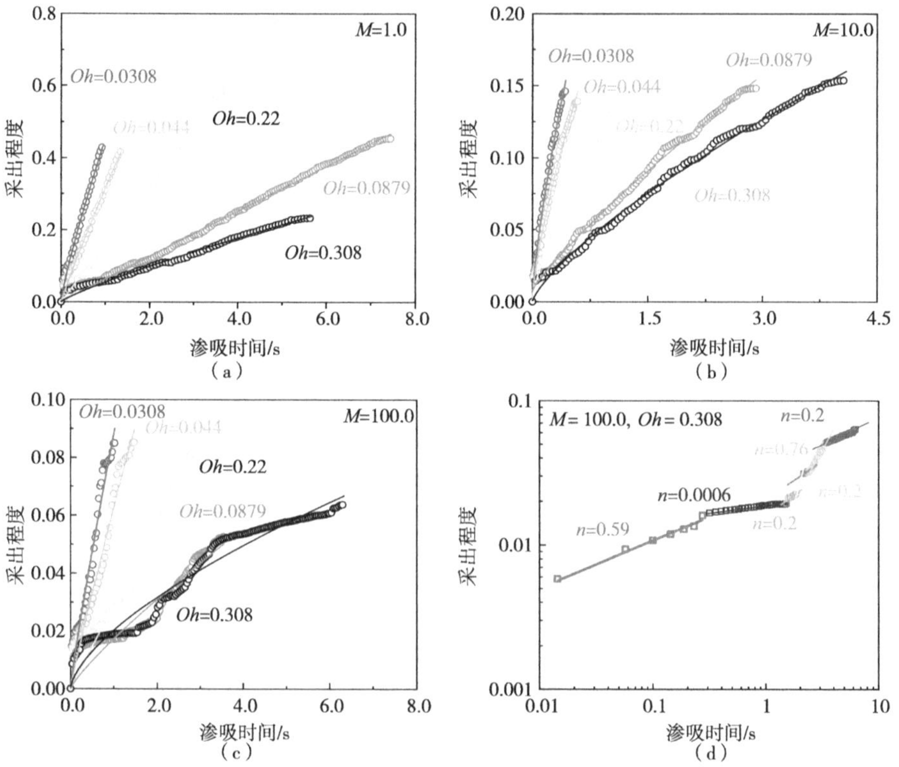

图 6–10　当（a）$M = 1.0$,（b）$M = 10.0$ 和（c）$M = 100.0$ 时不同 Oh 条件下渗吸采出程度随渗吸时间变化关系；（d）当 M=100.0 和 $Oh = 0.308$ 时的渗吸数据分段拟合结果；图中，渗吸时间均由格子单位转化为物理单位

过去的相关研究发现，流体渗吸行为与孔隙结构有关，改变孔隙几何形状，对标度模型幂律系数有着重要影响。在本章的模拟中，裂缝进出口采用了恒速边界条件，因此若被驱出的流体中只含油相，那么渗吸采出程度应与时间呈线性关系。然而，渗吸过程中不同时间并不总是满足这种条件，这是由渗吸系统压力分布的不断变化造成的，使得渗吸过程中出现了不同的渗吸模式。同时，这在一定程度上也解释了标度渗吸数据时出现的异常情况。以 $M = 100.0$ 和 $Oh = 0.308$ 为例，渗吸过程大致可分为 7 个阶段［见图 6–10（d）］，类似的渗吸过程也发生在其他高黏度比的条件下。

表6-2 基于幂律和理论标度模型拟合渗吸模拟数据的结果

M	案例号	理论模型拟合	R^2	幂律模型拟合	R^2
1.0	1	$y = 0.480x$	0.979	$y = 0.452x^{0.85}$	0.992
	2	$y = 0.314x$	0.992	$y = 0.313x^{0.93}$	0.994
	3	$y = 0.159x$	0.999	$y = 0.16x^{0.99}$	0.999
	4	$y = 0.063x$	0.996	$y = 0.064x^{0.99}$	0.996
	5	$y = 0.044x$	0.973	$y = 0.055x^{0.84}$	0.987
10.0	1	$y = 0.211x^{0.5}$	0.939	$y = 0.283x^{0.72}$	0.995
	2	$y = 0.172x^{0.5}$	0.942	$y = 0.213x^{0.71}$	0.994
	3	$y = 0.119x^{0.5}$	0.934	$y = 0.129x^{0.73}$	0.990
	4	$y = 0.079x^{0.5}$	0.924	$y = 0.067x^{0.76}$	0.996
	5	$y = 0.070x^{0.5}$	0.929	$y=0.056x^{0.75}$	0.996
100.0	1	$y = 0.075x^{0.5}$	0.854	$y = 0.088x^{0.88}$	0.961
	2	$y = 0.061x^{0.5}$	0.845	$y = 0.062x^{0.92}$	0.965
	3	$y = 0.040x^{0.5}$	0.814	$y = 0.029x^{0.98}$	0.954
	4	$y = 0.023x^{0.5}$	0.805	$y = 0.017x^{0.84}$	0.888
	5	$y = 0.025x^{0.5}$	0.919	$y = 0.020x^{0.65}$	0.949

另一方面，从热动力学角度来看，施加的外力干扰了流体自发渗吸行为。一般而言，在建立自发渗吸标度模型时，只考虑了毛管力与黏滞力作用。然而，研究中还涉及外力作用。当 $M = 1.0$ 时，只有约 10% 的表面能被转化为外力功。因此，外力作用的影响并不显著，采用理论模型可以较好地拟合模拟数据［图 6-10（a）］。随着非湿相流体黏度的增加，外力对自发渗吸的影响越来越大，从而改变了渗吸动力学。鉴于在储层条件下，普遍存在外力作用（由压力扰动引起）影响同向和逆向渗吸的现象。因此，本章的研究结果可以部分地解释现场观测到的异常渗吸行为。总体而言，在较低的黏度比条件下（M = 1.0 和 10.0 时），理论标度模型能够较好地关联渗吸数据，但在 M = 100.0 时则不能。除此之外，研究表明高黏度比条件下基质采收率较低，说明逆向渗吸采油仅对轻质油藏有效。然而，过去开展的砂岩油水自发渗吸实验表明，在较高的黏度比下，仍然有着可观的采收率，该差异可能与毛管数和孔隙结构特征有关。

参考文献

[1] Song L, Ning Z, Duan L.Research on reservoir characteristics of Chang7 tight oil based on nano-CT [J]. Arabian Journal of Geosciences, 2018, 11 (16): 472.

[2] Huang L, Ning Z, Wang Q, et al.Enhanced gas recovery by CO_2 sequestration in marine shale: a molecular view based on realistic kerogen model [J]. Arabian Journal of Geosciences, 2018, 11 (15): 404.

[3] 贾承造，邹才能，李建忠，等．中国致密油评价标准、主要类型、基本特征及资源前景 [J]. 石油学报，2012, 33 (3): 343–350.

[4] 杨华，李士祥，刘显阳．鄂尔多斯盆地致密油、页岩油特征及资源潜力 [J]. 石油学报，2013, 34 (1): 1–11.

[5] 邹才能，杨智，陶士振，等．纳米油气与源储共生型油气聚集 [J]. 石油勘探与开发，2012, 39 (1): 2–10.

[6] 于家义，李道阳，何伯斌，等．三塘湖盆地条湖组沉凝灰岩致密油有效开发技术 [J]. 新疆石油地质，2020, 41 (6): 714–720.

[7] 杜金虎，刘合，马德胜，等．试论中国陆相致密油有效开发技术 [J]. 石油勘探与开发，2014, 41 (2): 2–10.

[8] 李忠兴，屈雪峰，刘万涛，等．鄂尔多斯盆地长 7 段致密油合理开发方式探讨 [J]. 石油勘探与开发，2015, 42 (2): 217–221.

[9] Ghanbari E, Abbasi M A, Dehghanpour H, et al. Flowback volumetric and chemical analysis for evaluating load recovery and its impact on early-time production [C]. SPE Unconventional Resources Conference Canada, 2013.

[10] Ghanbari E, Dehghanpour H.The fate of fracturing water: A field and simulation study [J]. Fuel, 2016, 163: 282–294.

[11] Makhanov K, Habibi A, Dehghanpour H, et al.Liquid uptake of gas shales: A workflow to estimate water loss during shut-in periods after fracturing operations [J]. Journal of Unconventional Oil & Gas Resources, 2014, 7 (7): 22–32.

[12] Cheng Y.Impact of water dynamics in fractures on the performance of hydraulically fractured wells in gas-shale reservoirs [J]. J Can Pet Technol, 2012, 51 (2): 143–151.
[13] Habibi A, Dehghanpour H, Binazadeh M, et al.Advances in understanding wettability of tight oil formations: a Montney case study [J]. SPE Reservoir Evaluation & Engineering, 2016, 19 (4): 583–603.
[14] Hughes J D.Energy: A reality check on the shale revolution [J]. Nature, 2013, 494 (7437): 307.
[15] Lai J, Wang G, Wang Z, et al.A review on pore structure characterization in tight sandstones [J]. Earth-Science Reviews, 2018, 177: 436–457.
[16] Zhao H, Ning Z, Wang Q, et al.Petrophysical characterization of tight oil reservoirs using pressure-controlled porosimetry combined with rate-controlled porosimetry [J]. Fuel, 2015, 154: 233–242.
[17] Yang F, Ning Z, Liu H.Fractal characteristics of shales from a shale gas reservoir in the Sichuan Basin, China [J]. Fuel, 2014, 115: 378–384.
[18] Yang F, Ning Z, Wang Q, et al.Pore structure characteristics of lower Silurian shales in the southern Sichuan Basin, China: Insights to pore development and gas storage mechanism [J]. International Journal of Coal Geology, 2016, 156: 12–24.
[19] Heriawan M N, Koike K.Coal quality related to microfractures identified by CT image analysis [J]. International Journal of Coal Geology, 2015, 140: 97–110.
[20] Li Z, Liu D, Cai Y, et al.Multi-scale quantitative characterization of 3–D pore-fracture networks in bituminous and anthracite coals using FIB-SEM tomography and X-ray μ-CT [J]. Fuel, 2017, 209: 43–53.
[21] Gao H, Li H A.Pore structure characterization, permeability evaluation and enhanced gas recovery techniques of tight gas sandstones [J]. J Nat Gas Sci Eng, 2016, 28: 536–547.
[22] Ougier-Simonin A, Renard F, Boehm C, et al.Microfracturing and microporosity in shales [J]. Earth-Science Reviews, 2016, 162: 198–226.
[23] Mathews J P, Campbell Q P, Xu H, et al.A review of the application of X-ray computed tomography to the study of coal [J]. Fuel, 2017, 209: 10–24.
[24] Liu X, Wang J, Ge L, et al.Pore-scale characterization of tight sandstone in

Yanchang Formation Ordos Basin China using micro-CT and SEM imaging from nm-to cm-scale [J]. Fuel, 2017, 209: 254–264.
[25] Zhao T, Li X, Ning Z, et al.Pore structure and adsorption behavior of shale gas reservoir with influence of maturity: a case study of Lower Silurian Longmaxi formation in China [J]. Arabian Journal of Geosciences, 2018, 11 (13): 353.
[26] Marszałek M, Alexandrowicz Z, Rzepa G.Composition of weathering crusts on sandstones from natural outcrops and architectonic elements in an urban environment [J]. Environmental Science and Pollution Research, 2014, 21 (24): 14023–14036.
[27] Vázquez M A, Galán E, Ortiz P, et al.Digital image analysis and EDX SEM as combined techniques to evaluate salt damp on walls [J]. Construction and Building Materials, 2013, 45: 95–105.
[28] Bai B, Zhu R, Wu S, et al.Multi-scale method of Nano(Micro)–CT study on microscopic pore structure of tight sandstone of Yanchang Formation, Ordos Basin [J]. Petroleum Exploration and Development, 2013, 40 (3): 354–358.
[29] Blunt M J, Bijeljic B, Dong H, et al.Pore-scale imaging and modelling [J]. Adv Water Resour, 2013, 51: 197–216.
[30] Cao Z, Liu G, Zhan H, et al.Pore structure characterization of Chang-7 tight sandstone using MICP combined with N2 GA techniques and its geological control factors [J]. Sci Rep, 2016, 6: 36919.
[31] Dianshi X, Shuangfang L, Zhengyuan L, et al.Combining nuclear magnetic resonance and rate-controlled porosimetry to probe the pore-throat structure of tight sandstones [J]. Petroleum Exploration Development, 2016, 43 (6): 1049–1059.
[32] Gao H, Cao J, Wang C, et al.Comprehensive characterization of pore and throat system for tight sandstone reservoirs and associated permeability determination method using SEM, rate-controlled mercury and high pressure mercury [J]. Petrol Sci Eng, 2019, 174: 514–524.
[33] Mirzaei-Paiaman A, Dalvand K, Oraki Kohshour I, et al.A Study on the Key Influential Factors of a Gas Reservoir's Potential for Aqueous Phase Trapping [J]. Energy Sources, Part A: Recovery, Utilization, and Environmental Effects, 2012, 34 (16): 1541–1549.

[34] Bahrami H, Rezaee R, Clennell B.Water blocking damage in hydraulically fractured tight sand gas reservoirs: An example from Perth Basin, Western Australia [J]. J Pet. Sci Eng, 2012, s88–89 (2): 100–106.
[35] Wang D, Seright R S, Zhang J.Wettability Survey in Bakken Shale With Surfactant-Formulation Imbibition [J]. Spe Reservoir Evaluation & Engineering, 2012, 15 (6): 695–705.
[36] Wang D, Butler R, Liu H, et al.Flow-Rate Behavior and Imbibition in Shale [J]. Spe Reservoir Evaluation & Engineering, 2011, 14 (4): 485–492.
[37] Akin S, Schembre J M, Bhat S K, et al.Spontaneous imbibition characteristics of diatomite [J]. J Pet. Sci Eng, 2000, 25 (3–4): 149–165.
[38] Morrow N R, Mason G.Recovery of oil by spontaneous imbibition [J]. Curr Opin Colloid Interface Sci, 2001, 6 (4): 321–337.
[39] Karpyn Z T, Halleck P M, Grader A S.An experimental study of spontaneous imbibition in fractured sandstone with contrasting sedimentary layers [J]. J Pet. Sci Eng, 2009, 67 (1–2): 48–56.
[40] Li K, Horne R.An Analytical Scaling Method for Spontaneous Imbibition in Gas/Water/Rock Systems [J]. SPE J, 2004, 9 (9): 322–329.
[41] Mason G, Morrow N R.Developments in spontaneous imbibition and possibilities for future work [J]. J Pet. Sci Eng, 2013, 110 (7): 268–293.
[42] Babadagli T. Scaling of Co-Current and Counter-Current Capillary Imbibition for Surfactant and Polymer Injection in Naturally Fractured Reservoirs [C]. SPE/AAPG Western Regional Meeting, 2000.
[43] Standnes D C.Experimental study of the impact of boundary conditions on oil recovery by co-current and counter-current spontaneous imbibition [J]. Energy Fuels, 2004, 18 (1): 271–282.
[44] Yildiz H O, Gokmen M, Cesur Y.Effect of shape factor, characteristic length, and boundary conditions on spontaneous imbibition [J]. J Petrol Sci Eng, 2006, 53 (3): 158–170.
[45] Mirzaei-Paiaman A, Kord S, Hamidpour E, et al.Scaling one- and multi-dimensional co-current spontaneous imbibition processes in fractured reservoirs [J]. Fuel, 2017, 196: 458–472.
[46] Hamidpour E, Mirzaei-Paiaman A, Masihi M, et al.Experimental study of some

important factors on nonwetting phase recovery by cocurrent spontaneous imbibition [J]. J Nat Gas Sci Eng, 2015, 27: 1213–1228.
[47] Lai F, Li Z, Wei Q, et al.Experimental Investigation of Spontaneous Imbibition in Tight Reservoir with Nuclear Magnetic Resonance Testing [J]. Energy Fuels, 2016, 30 (11): 8932–8940.
[48] Anderson W G.Wettability Literature Survey- Part 1: Rock/Oil/Brine Interactions and the Effects of Core Handling on Wettability [J]. Journal of Petroleum Technology, 1986, 38 (10): 1124–1144.
[49] Rezaveisi M, Ayatollahi S, Rostami B.Experimental Investigation of Matrix Wettability Effects on Water Imbibition in Fractured Artificial Porous Media [J]. J Petrol Sci Eng, 2012: 165–171.
[50] Meng Q, Liu H, Wang J.A critical review on fundamental mechanisms of spontaneous imbibition and the impact of boundary condition, fluid viscosity and wettability [J]. Adv Geo-Energy Res, 2017, 1: 1–17.
[51] Xu M, Dehghanpour H.Advances in Understanding Wettability of Gas Shales [J]. Energy Fuels, 2014, 28 (7): 4362–4375.
[52] Dehghanpour H, Zubair H A, Chhabra A, et al.Liquid Intake of Organic Shales [J]. Energy Fuels, 2012, 26 (9): 5750–5758.
[53] Lan Q, Xu M, Dehghanpour H, et al. Advances in Understanding Wettability of Tight and Shale Gas Formations [C]. SPE Annual Technical Conference and Exhibition, 2014.
[54] Kathel P, Mohanty K K.Wettability Alteration in a Tight Oil Reservoir [J]. Energy Fuels, 2013, 27 (11): 6460–6468.
[55] Alvarez J O, Saputra I W R, Schechter D S. The Impact of Surfactant Imbibition and Adsorption for Improving Oil Recovery in the Wolfcamp and Eagle Ford Reservoirs [C]. SPE Annual Technical Conference and Exhibition, 2017.
[56] Alvarez J O, Saputra I W R, Schechter D S.Potential of Improving Oil Recovery with Surfactant Additives to Completion Fluids for the Bakken [J]. Energy Fuels, 2017, 31 (6): 5982–5994.
[57] Alvarez J O, Schechter D S.Wettability alteration and spontaneous imbibition in unconventional liquid reservoirs by surfactant additives [J]. SPE Reservoir Evaluation & Engineering, 2017, 20 (1): 107–117.

[58] Jiang Y, Shi Y, Xu G, et al.Experimental Study on Spontaneous Imbibition under Confining Pressure in Tight Sandstone Cores Based on Low-Field Nuclear Magnetic Resonance Measurements [J]. Energy Fuels, 2018, 32 (3): 3152–3162.
[59] Xu G, Shi Y, Jiang Y, et al.Characteristics and Influencing Factors for Forced Imbibition in Tight Sandstone based on Low-field Nuclear Magnetic Resonance Measurements [J]. Energy Fuels, 2018.
[60] Jing W, Huiqing L, Genbao Q, et al.Investigations on spontaneous imbibition and the influencing factors in tight oil reservoirs [J]. Fuel, 2019, 236: 755–768.
[61] Javaheri A, Habibi A, Dehghanpour H, et al.Imbibition oil recovery from tight rocks with dual-wettability behavior [J]. J Petrol Sci Eng, 2018, 167: 180–191.
[62] Sheng J J.What type of surfactants should be used to enhance spontaneous imbibition in shale and tight reservoirs? [J]. J Petrol Sci Eng, 2017, 159: 635–643.
[63] Andersen P, Qiao Y, Evje S, et al. Improved Modeling of Gravity-Aided Spontaneous Imbibition Using Momentum-Equation-Based Relative Permeabilities [C]. IOR 2017–19th European Symposium on Improved Oil Recovery, 2017.
[64] You Q, Wang H, Zhang Y, et al.Experimental study on spontaneous imbibition of recycled fracturing flow-back fluid to enhance oil recovery in low permeability sandstone reservoirs [J]. J Petrol Sci Eng, 2018, 166: 375–380.
[65] Dehghanpour H, Lan Q, Saeed Y, et al.Spontaneous Imbibition of Brine and Oil in Gas Shales: Effect of Water Adsorption and Resulting Microfractures [J]. Energy Fuels, 2013, 27 (6): 3039–3049.
[66] Standnes D C, Evje S, Andersen P. A Novel Relative Permeability Model Based on Mixture Theory Approach Accounting for Solid–Fluid and Fluid–Fluid Interactions [J]. Transport in Porous Media, 2017, 119 (3): 707–738.
[67] Meng Q, Liu H, Wang J.Entrapment of the Non-wetting Phase during Co-current Spontaneous Imbibition [J]. Energy Fuels, 2015, 29 (2): 686–694.
[68] Eslami M, Kadkhodaie-Ilkhchi A, Sharghi Y, et al.Construction of synthetic capillary pressure curves from the joint use of NMR log data and conventional well logs [J]. Journal of Petroleum Science and Engineering, 2013, 111: 50–58.
[69] Mai A, Kantzas A.Porosity Distributions in Carbonate Reservoirs Using Low-

Field NMR [J]. J Can Pet Technol, 2007, 46 (7): 30–36.
[70] Zhao H, Ning Z, Zhao T, et al. Applicability Comparison of Nuclear Magnetic Resonance and Mercury Injection Capillary Pressure in Characterisation Pore Structure of Tight Oil Reservoirs [C]. SPE Asia Pacific Unconventional Resources Conference and Exhibition, 2015: 2711–2713.
[71] Al-Mahrooqi S H, Grattoni C A, Muggeridge A H, et al.Pore-scale modelling of NMR relaxation for the characterization of wettability [J]. J Pet. Sci Eng, 2006, 52 (1–4): 172–186.
[72] Borysenko A, Clennell B, Sedev R, et al.Experimental investigations of the wettability of clays and shales [J]. Journal of Geophysical Research: Solid Earth, 2009, 114 (B7).
[73] Odusina E O, Sondergeld C H, Rai C S. NMR Study of Shale Wettability [C]. Canadian Unconventional Resources Conference, 2011.
[74] Sulucarnain I D, Sondergeld C H, Rai C S. An NMR Study of Shale Wettability and Effective Surface Relaxivity [C]. SPE Canadian Unconventional Resources Conference, 2012.
[75] Ren X, Li A, Wang G, et al.Study of the Imbibition Behavior of Hydrophilic Tight Sandstone Reservoirs Based on Nuclear Magnetic Resonance [J]. Energy Fuels, 2018, 32 (7): 7762–7772.
[76] Wang X, Peng X, Zhang S, et al.Characteristics of oil distributions in forced and spontaneous imbibition of tight oil reservoir [J]. Fuel, 2018, 224: 280–288.
[77] Liang W, Fu Y, Sima Y, et al. Nuclear magnetic resonance (NMR) characteristics of oil and water in shale gas reservoirs of Longmaxi Formation in southeast Sichuan Basin, China [C]. 2016 SEG International Exposition and Annual Meeting, 2016.
[78] Lin H, Zhang S, Wang F, et al.Experimental investigation on imbibition-front progression in shale based on nuclear magnetic resonance [J]. Energy Fuels, 2016.
[79] Sun Y, Dai C, Fang Y, et al. Imaging of Oil/Water Migration in Tightsand with Nuclear Magnetic Resonance and Microscope during Dynamic Surfactant Imbibition [C]. SPE/IATMI Asia Pacific Oil & Gas Conference and Exhibition, 2017.

[80] Loucks R G, Reed R M, Ruppel S C, et al.Spectrum of pore types and networks in mudrocks and a descriptive classification for matrix-related mudrock pores [J]. AAPG bulletin, 2012, 96 (6): 1071–1098.
[81] Loucks R G, Reed R M, Ruppel S C, et al.Morphology, genesis, and distribution of nanometer-scale pores in siliceous mudstones of the Mississippian Barnett Shale [J]. Journal of sedimentary research, 2009, 79 (12): 848–861.
[82] Curtis M E, Ambrose R J, Sondergeld C H. Structural characterization of gas shales on the micro-and nano-scales [C]. Canadian unconventional resources and international petroleum conference, 2010.
[83] Majumder M, Chopra N, Andrews R, et al.Nanoscale hydrodynamics: enhanced flow in carbon nanotubes [J]. Nature, 2005, 438 (7064): 44.
[84] Thomas J, Mcgaughey A.Effect of surface wettability on liquid density, structure, and diffusion near a solid surface [J]. The Journal of Chemical Physics, 2007, 126 (3): 034707.
[85] Thomas J A, Mcgaughey A J.Reassessing fast water transport through carbon nanotubes [J]. Nano Lett, 2008, 8 (9): 2788–2793.
[86] Lichter S, Martini A, Snurr R Q, et al.Liquid slip in nanoscale channels as a rate process [J]. Phys Rev Lett, 2007, 98 (22): 226001.
[87] Sun Z, Wu K, Shi J, et al.Effect of pore geometry on nanoconfined water transport behavior [J]. AlChE J, 2019.
[88] Zhang X, Zhu W, Cai Q, et al.Compressible liquid flow in nano-or micro-sized circular tubes considering wall–liquid Lifshitz–van der Waals interaction [J]. Phys Fluids, 2018, 30 (6): 062002.
[89] Holt J K, Park H G, Wang Y, et al.Fast Mass Transport Through Sub-2–Nanometer Carbon Nanotubes [J]. Science, 2006, 312 (5776): 1034–1037.
[90] Whitby M, Cagnon L, Thanou M, et al.Enhanced fluid flow through nanoscale carbon pipes [J]. Nano Lett, 2008, 8 (9): 2632–2637.
[91] Thomas J A, Mcgaughey A J.Water flow in carbon nanotubes: transition to subcontinuum transport [J]. Phys Rev Lett, 2009, 102 (18): 184502.
[92] Sendner C, Horinek D, Bocquet L, et al.Interfacial water at hydrophobic and hydrophilic surfaces: Slip, viscosity, and diffusion [J]. Langmuir, 2009, 25 (18): 10768–10781.

[93] Huang D M, Sendner C, Horinek D, et al.Water slippage versus contact angle: A quasiuniversal relationship [J]. Phys Rev Lett, 2008, 101 (22): 226101.
[94] Voronov R S, Papavassiliou D V, Lee L L.Boundary slip and wetting properties of interfaces: Correlation of the contact angle with the slip length [J]. The Journal of Chemical Physics, 2006, 124 (20): 204701.
[95] Thomas J, Mcgaughey A.Density, distribution, and orientation of water molecules inside and outside carbon nanotubes [J]. The Journal of Chemical Physics, 2008, 128 (8): 084715.
[96] Thomas J A, Mcgaughey A J, Kuter-Arnebeck O.Pressure-driven water flow through carbon nanotubes: Insights from molecular dynamics simulation [J]. International Journal of Thermal Sciences, 2010, 49 (2): 281–289.
[97] Wu K, Chen Z, Li J, et al.Wettability effect on nanoconfined water flow [J]. Proc Natl Acad Sci USA, 2017, 114 (13): 3358–3363.
[98] Calabrò F, Lee K, Mattia D.Modelling flow enhancement in nanochannels: Viscosity and slippage [J]. Applied Mathematics Letters, 2013, 26 (10): 991–994.
[99] Mattia D, Calabrò F.Explaining high flow rate of water in carbon nanotubes via solid–liquid molecular interactions [J]. Microfluidics and Nanofluidics, 2012, 13 (1): 125–130.
[100] Javadpour F, Mcclure M, Naraghi M.Slip-corrected liquid permeability and its effect on hydraulic fracturing and fluid loss in shale [J]. Fuel, 2015, 160: 549–559.
[101] Wang Q, Cheng Z.A fractal model of water transport in shale reservoirs [J]. Chem Eng Sci, 2019, 198: 62–73.
[102] Succi S. The lattice Boltzmann equation: for fluid dynamics and beyond [M]. Oxford: Oxford university press,2001.
[103] Krüger T, Kusumaatmaja H, Kuzmin A, et al. The Lattice Boltzmann Method: Principles and Practice [M]. Cham: Springer International Publishing, 2017: 153–230.
[104] Kang D H, Yun T S.Minimized Capillary End Effect During CO_2 Displacement in 2D Micromodel by Manipulating Capillary Pressure at the Outlet Boundary in Lattice Boltzmann Method [J]. Water Resour Res, 2018, 54 (2): 895–915.
[105] Kang D H, Yun T S.Transitional non-Darcy displacement of immiscible fluids

due to inertial effect [J]. J Hydrol, 2019, 577: 123934.

[106] Zhao J, Kang Q, Yao J, et al.The Effect of Wettability Heterogeneity on Relative Permeability of Two-Phase Flow in Porous Media: A Lattice Boltzmann Study [J]. Water Resour Res, 2018, 54 (2): 1295–1311.

[107] Newman M S, Yin X.Lattice Boltzmann simulation of non-Darcy flow in stochastically generated 2D porous media geometries [J]. SPE J, 2013, 18 (1): 12–26.

[108] Guo Z, Shi B, Zhao T, et al.Discrete effects on boundary conditions for the lattice Boltzmann equation in simulating microscale gas flows [J]. Phys Rev E, 2007, 76 (5): 056704.

[109] Guo Z, Zheng C.Analysis of lattice Boltzmann equation for microscale gas flows: Relaxation times, boundary conditions and the Knudsen layer [J]. International Journal of Computational Fluid Dynamics, 2008, 22 (7): 465–473.

[110] Fathi E, Akkutlu I Y.Lattice Boltzmann method for simulation of shale gas transport in kerogen [J]. SPE J, 2012, 18 (1): 27–37.

[111] Wang M, Kang Q.Modeling electrokinetic flows in microchannels using coupled lattice Boltzmann methods [J]. J Comput Phys, 2010, 229 (3): 728–744.

[112] Zhang L, Wang M.Modeling of electrokinetic reactive transport in micropore using a coupled lattice Boltzmann method [J]. Journal of Geophysical Research: Solid Earth, 2015, 120 (5): 2877–2890.

[113] Neto C, Evans D R, Bonaccurso E, et al.Boundary slip in Newtonian liquids: a review of experimental studies [J]. Rep Prog Phys, 2005, 68 (12): 2859.

[114] Zhu L, Tretheway D, Petzold L, et al.Simulation of fluid slip at 3D hydrophobic microchannel walls by the lattice Boltzmann method [J]. J Comput Phys, 2005, 202 (1): 181–195.

[115] Shan X, Chen H.Lattice Boltzmann model for simulating flows with multiple phases and components [J]. Phys Rev E, 1993, 47 (3): 1815.

[116] Harting J, Kunert C, Herrmann H J.Lattice Boltzmann simulations of apparent slip in hydrophobic microchannels [J]. EPL (Europhysics Letters), 2006, 75 (2): 328.

[117] Benzi R, Biferale L, Sbragaglia M, et al.Mesoscopic two-phase model for describing apparent slip in micro-channel flows [J]. EPL (Europhysics Letters),

2006, 74 (4): 651.
[118] Zhang J, Kwok D Y.Apparent slip over a solid-liquid interface with a no-slip boundary condition [J]. Phys Rev E, 2004, 70 (5): 056701.
[119] Li Z, Galindo-Torres S, Scheuermann A, et al.Mesoscopic approach to fluid-solid interaction: Apparent liquid slippage and its effect on permeability estimation [J]. Phys Rev E, 2018, 98 (5): 052803.
[120] Wang K, Chai Z, Hou G, et al.Slip boundary condition for lattice Boltzmann modeling of liquid flows [J]. Comput Fluids, 2018, 161: 60–73.
[121] Yang L, Yu Y, Hou G, et al.Boundary conditions with adjustable slip length for the lattice Boltzmann simulation of liquid flow [J]. Comput Fluids, 2018, 174: 200–212.
[122] Yang L, Yu Y, Pei H, et al.Lattice Boltzmann simulations of liquid flows in microchannel with an improved slip boundary condition [J]. Chem Eng Sci, 2019, 202: 105–117.
[123] Zhao J, Kang Q, Yao J, et al.Lattice Boltzmann simulation of liquid flow in nanoporous media [J]. Int J Heat Mass Transfer, 2018, 125: 1131–1143.
[124] Tao S, Guo Z.Boundary condition for lattice Boltzmann modeling of microscale gas flows with curved walls in the slip regime [J]. Phys Rev E, 2015, 91 (4): 043305.
[125] Amani E, Mehrabian M, Movahed S.A discrete phase hybrid continuum-atomistic model for electrokinetics in nanofluidics [J]. Phys Fluids, 2018, 30 (7): 072003.
[126] Jing D, Yi S.ELECTROOSMOTIC FLOW IN TREE-LIKE BRANCHING MICROCHANNEL NETWORK [J]. Fractals, 2019, 27 (6): 1950095.
[127] Wang M, Chang C-C, Yang R-J.Electroviscous effects in nanofluidic channels [J]. The Journal of chemical physics, 2010, 132 (2): 024701.
[128] Chakraborty J, Chakraborty S.Influence of hydrophobic effects on streaming potential [J]. Phys Rev E, 2013, 88 (4): 043007.
[129] Jing D, Bhushan B.The coupling of surface charge and boundary slip at the solid–liquid interface and their combined effect on fluid drag: A review [J]. Colloid Interface Sci, 2015, 454: 152–179.
[130] Banik M, Ghosh P.The electroviscous effect at fluid–fluid Interfaces [J].

Industrial & Engineering Chemistry Research, 2013, 52 (4): 1581–1590.

[131] Voronov R S, Papavassiliou D V, Lee L L.Review of fluid slip over superhydrophobic surfaces and its dependence on the contact angle [J]. Industrial & Engineering Chemistry Research, 2008, 47 (8): 2455–2477.

[132] Wang M, Kang Q, Ben-Naim E.Modeling of electrokinetic transport in silica nanofluidic channels [J]. Anal Chim Acta, 2010, 664 (2): 158–164.

[133] Jing D, He L, Wang X.Optimization analysis of fractal tree-like microchannel network for electroviscous flow to realize minimum hydraulic resistance [J]. Int J Heat Mass Transfer, 2018, 125: 749–755.

[134] Jing D, Pan Y, Wang X.The non-monotonic overlapping EDL-induced electroviscous effect with surface charge-dependent slip and its size dependence [J]. Int J Heat Mass Transfer, 2017, 113: 32–39.

[135] Ding Z, Jian Y, Wang L, et al.Analytical investigation of electrokinetic effects of micropolar fluids in nanofluidic channels [J]. Phys Fluids, 2017, 29 (8): 082008.

[136] Zhang X, Shi Y, Kuang S, et al.Microscale effects of Bingham-plastic liquid behavior considering electroviscous effects in nano-or microsized circular tubes [J]. Phys Fluids, 2019, 31 (2): 022001.

[137] Kim S I, Kim S J.Analysis of the electroviscous effects on pressure-driven flow in nanochannels using effective ionic concentrations [J]. Microfluidics and Nanofluidics, 2018, 22 (1): 12.

[138] Wu P, Qiao R.Physical origins of apparently enhanced viscosity of interfacial fluids in electrokinetic transport [J]. Phys Fluids, 2011, 23 (7): 072005.

[139] Rabbani H S, Joekar-Niasar V, Pak T, et al.New insights on the complex dynamics of two-phase flow in porous media under intermediate-wet conditions [J]. Sci Rep, 2017, 7 (1): 1–7.

[140] Rangel - German E, Kovscek A.A micromodel investigation of two - phase matrix - fracture transfer mechanisms [J]. Water Resour Res, 2006, 42 (3).

[141] Hatiboglu C U, Babadagli T.Pore-scale studies of spontaneous imbibition into oil-saturated porous media [J]. Phys Rev E, 2008, 77 (6): 066311.

[142] Gunde A, Babadagli T, Roy S S, et al.Pore-scale interfacial dynamics and oil–water relative permeabilities of capillary driven counter-current flow in fractured porous media [J]. J Petrol Sci Eng, 2013, 103: 106–114.

[143] Rokhforouz M, Akhlaghi Amiri H.Phase-field simulation of counter-current spontaneous imbibition in a fractured heterogeneous porous medium [J]. Phys Fluids, 2017, 29 (6): 062104.
[144] Jafari I, Masihi M, Nasiri Zarandi M.Numerical simulation of counter-current spontaneous imbibition in water-wet fractured porous media: Influences of water injection velocity, fracture aperture, and grains geometry [J]. Phys Fluids, 2017, 29 (11): 113305.
[145] Gu Q, Zhu L, Zhang Y, et al.Pore-scale study of counter-current imbibition in strongly water-wet fractured porous media using lattice Boltzmann method [J]. Phys Fluids, 2019, 31 (8): 086602.
[146] Bakhshian S, Murakami M, Hosseini S A, et al.Scaling of Imbibition Front Dynamics in Heterogeneous Porous Media [J]. Geophys Res Lett, 2020, 47 (14): e2020GL087914.
[147] Zhao H, Ning Z, Zhao T, et al.Effects of mineralogy on petrophysical properties and permeability estimation of the Upper Triassic Yanchang tight oil sandstones in Ordos Basin, Northern China [J]. Fuel, 2016, 186: 328–338.
[148] Washburn E W.The Dynamics of Capillary Flow [J]. Phys Rev, 1921, 17 (3): 273–283.
[149] Munawar M J, Lin C, Cnudde V, et al.Petrographic characterization to build an accurate rock model using micro-CT: case study on low-permeable to tight turbidite sandstone from Eocene Shahejie Formation [J]. Micron, 2018, 109: 22–33.
[150] Buades A, Coll B, Morel J-M. A non-local algorithm for image denoising [C]. 2005 IEEE Computer Society Conference on Computer Vision and Pattern Recognition (CVPR'05), 2005: 60–65.
[151] Schieber J. Common themes in the formation and preservation of intrinsic porosity in shales and mudstones-illustrated with examples across the Phanerozoic [C]. SPE Unconventional Gas Conference, 2010.
[152] Dürig T, Mele D, Dellino P, et al.Comparative analyses of glass fragments from brittle fracture experiments and volcanic ash particles [J]. Bulletin of volcanology, 2012, 74 (3): 691–704.
[153] Kaufmann J, Loser R, Leemann A.Analysis of cement-bonded materials by

multi-cycle mercury intrusion and nitrogen sorption [J]. J Colloid Interface Sci, 2009, 336 (2): 730–737.

[154] Xi K, Cao Y, Haile B G, et al.How does the pore-throat size control the reservoir quality and oiliness of tight sandstones? The case of the Lower Cretaceous Quantou Formation in the southern Songliao Basin, China [J]. Marine and Petroleum Geology, 2016, 76: 1–15.

[155] Daigle H, Thomas B, Rowe H, et al.Nuclear magnetic resonance characterization of shallow marine sediments from the Nankai Trough, Integrated Ocean Drilling Program Expedition 333 [J]. Journal of Geophysical Research: Solid Earth, 2014, 119 (4): 2631–2650.

[156] Haibo L, Hekun G, Zhengming Y, et al.Tight oil occurrence space of Triassic Chang 7 member in northern Shaanxi area, Ordos Basin, NW China [J]. Petroleum Exploration and Development, 2015, 42 (3): 434–438.

[157] Daigle H, Johnson A.Combining Mercury Intrusion and Nuclear Magnetic Resonance Measurements Using Percolation Theory [J]. Transport in Porous Media, 2016, 111 (3): 669–679.

[158] Zhang L, Lu S, Xiao D, et al.Pore structure characteristics of tight sandstones in the northern Songliao Basin, China [J]. Marine and Petroleum Geology, 2017, 88: 170 180.

[159] Saidian M, Prasad M.Effect of mineralogy on nuclear magnetic resonance surface relaxivity: A case study of Middle Bakken and Three Forks formations [J]. Fuel, 2015, 161: 197–206.

[160] Xiao L, Mao Z-Q, Zou C-C, et al.A new methodology of constructing pseudo capillary pressure (Pc) curves from nuclear magnetic resonance (NMR) logs [J]. J Petrol Sci Eng, 2016, 147: 154–167.

[161] Yang L, Ge H, Shi X, et al.The effect of microstructure and rock mineralogy on water imbibition characteristics in tight reservoirs [J]. Journal of Natural Gas Science & Engineering, 2016, 34: 1461–1471.

[162] Liang B, Jiang H, Li J, et al.Investigation of Oil Saturation Development behind Spontaneous Imbibition Front Using Nuclear Magnetic Resonance T2 [J]. Energy Fuels, 2017, 31 (1): 473–481.

[163] Hatiboglu C U, Babadagli T.Oil recovery by counter-current spontaneous

imbibition: Effects of matrix shape factor, gravity, IFT, oil viscosity, wettability, and rock type [J]. J Petrol Sci Eng, 2007, 59 (1–2): 106–122.

[164] Gao H, Li H.Determination of movable fluid percentage and movable fluid porosity in ultra-low permeability sandstone using nuclear magnetic resonance (NMR) technique [J]. J Pet. Sci Eng, 2015, 133: 258–267.

[165] Jackson M D, Valvatne P H, Blunt M J.Prediction of wettability variation and its impact on flow using pore- to reservoir-scale simulations [J]. J Pet. Sci Eng, 2003, 39 (3–4): 231–246.

[166] Valvatne P H, Blunt M J.Predictive pore - scale modeling of two - phase flow in mixed wet media [J]. Water Resour Res, 2004, 40 (7): 187.

[167] Mirzaei-Paiaman A, Masihi M.Scaling Equations for Oil/Gas Recovery from Fractured Porous Media by Counter-Current Spontaneous Imbibition: From Development to Application [J]. Energy Fuels, 2013, 27 (8): 4662–4676.

[168] Meng Q, Liu H, Wang J, et al.Asymmetry Characteristics of Oil Production by Spontaneous Imbibition from Cores with Two Ends Open [J]. Transport in Porous Media, 2016, 113 (3): 735–751.

[169] Mason G, Fischer H, Morrow N R, et al.Oil Production by Spontaneous Imbibition from Sandstone and Chalk Cylindrical Cores with Two Ends Open [J]. Energy Fuels, 2010 (24).

[170] Ma S, Zhang X, Morrow N, et al.Characterization of Wettability From Spontaneous Imbibition Measurements [J]. J Can Pet Technol, 1999, 38 (13).

[171] Tavassoli Z, Zimmerman R W, Blunt M J.Analysis of counter-current imbibition with gravity in weakly water-wet systems [J]. J Pet. Sci Eng, 2005, 48 (1): 94–104.

[172] Fischer H, Morrow N R.Scaling of oil recovery by spontaneous imbibition for wide variation in aqueous phase viscosity with glycerol as the viscosifying agent [J]. J Pet. Sci Eng, 2006, 52 (1–4): 35–53.

[173] Schmid K S, Geiger S.Universal scaling of spontaneous imbibition for arbitrary petrophysical properties: Water-wet and mixed-wet states and Handy's conjecture [J]. J Pet. Sci Eng, 2013, 101: 44–61.

[174] Mirzaei-Paiaman A.Analysis of counter-current spontaneous imbibition in presence of resistive gravity forces: Displacement characteristics and scaling [J].

Journal of Unconventional Oil & Gas Resources, 2015, 12 (671): 68–86.
[175] Mattax C C, Kyte J R.Imbibition Oil Recovery from Fractured, Water-Drive Reservoir [J]. Society of Petroleum Engineers Journal, 1962, 2 (2): 177–184.
[176] Mason G, Fischer H, Morrow N R, et al.Correlation for the effect of fluid viscosities on counter-current spontaneous imbibition [J]. J Pet. Sci Eng, 2010, 72 (1): 195–205.
[177] Ma S, Zhang X, Morrow N R.Influence of Fluid Viscosity On Mass Transfer Between Rock Matrix And Fractures [J]. J Can Pet Technol, 1995, 38 (7): 25–30.
[178] Mirzaei - Paiaman A, Masihi M.Scaling of Recovery by Cocurrent Spontaneous Imbibition in Fractured Petroleum Reservoirs [J]. Energy Technology, 2014, 2 (2): 166–175.
[179] Schechter D S, Zhou D, Orr F M.Low IFT drainage and imbibition [J]. J Petrol Sci Eng, 1994, 11 (4): 283–300.
[180] Trantham J, Clampitt R L.Determination of Oil Saturation After Waterflooding in an Oil-Wet Reservoir The North Burbank Unit, Tract 97 Project [J]. Journal of Petroleum Technology, 1977, 29 (5): 491–500.
[181] Xiao L, Mao Z, Li J, et al.Effect of hydrocarbon on evaluating formation pore structure using nuclear magnetic resonance (NMR) logging [J]. Fuel, 2018, 216: 199–207.
[182] Ross D J, Bustin R M.The importance of shale composition and pore structure upon gas storage potential of shale gas reservoirs [J]. Marine and Petroleum Geology, 2009, 26 (6): 916–927.
[183] Babadagli T, Al-Bemani A, Boukadi F. Analysis of capillary imbibition recovery considering the simultaneous effects of gravity, low IFT, and boundary conditions [C]. SPE Asia Pacific Improved Oil Recovery Conference APIORC 1999, 1999.
[184] Yu L, Evje S, Fjelde I, et al. Wettability Alteration by Spontaneous Imbibition of Sulphate Containing Water onto Chalk Core with Different Boundary Conditions, SCA2008–A14 [C]. International Symposium of the Society of Core Analysts, Abu Dhabi, UAE, 2008.
[185] Dutta R, Lee C-H, Odumabo S, et al.Experimental investigation of fracturing-

fluid migration caused by spontaneous imbibition in fractured low-permeability sands [J]. SPE Reservoir Evaluation & Engineering, 2014, 17 (1): 74–81.
[186] Anderson R, Ratcliffe I, Greenwell H, et al.Clay swelling—a challenge in the oil field [J]. Earth-Science Reviews, 2010, 98 (3–4): 201–216.
[187] Wu K, Chen Z, Li J, et al.Manipulating the Flow of Nanoconfined Water by Temperature Stimulation [J]. Angew Chem Int Ed, 2018, 57 (28): 8432–8437.
[188] Lan Q, Ghanbari E, Dehghanpour H, et al.Water Loss Versus Soaking Time: Spontaneous Imbibition in Tight Rocks [J]. Energy Technology, 2015, 2 (12): 1033–1039.
[189] Roychaudhuri B, Tsotsis T T, Jessen K.An experimental investigation of spontaneous imbibition in gas shales [J]. J Petrol Sci Eng, 2013, 111: 87–97.
[190] Yitong Y, Shixiang L, Yande Z, et al.Characteristics & Controlling Factors of Chang 7 Tight Oil in Xin' anbian Area, Orods Basin [J]. Acta Sedimentologica Sinica, 2015, 33 (3): 625–632.
[191] Zou C, Zhang G, Yang Z, et al.Geological concepts, characteristics, resource potential and key techniques of unconventional hydrocarbon: On unconventional petroleum geology [J]. Petroleum Exploration and Development, 2013, 40 (4): 385–399.
[192] Myers T G.Why are slip lengths so large in carbon nanotubes? [J]. Microfluidics and Nanofluidics, 2011, 10 (5): 1141–1145.
[193] Majumdar A, Tien C L.Fractal characterization and simulation of rough surfaces [J]. Wear, 1990, 136 (2): 313–327.
[194] Deng Z, Chen Y, Shao C.Gas flow through rough microchannels in the transition flow regime [J]. Phys Rev E, 2016, 93 (1): 013128.
[195] Liu X, Nie B, Wang W, et al.The use of AFM in quantitative analysis of pore characteristics in coal and coal-bearing shale [J]. Marine And Petroleum Geology, 2019, 105: 331–337.
[196] Zhao S, Li Y, Wang Y, et al.Quantitative study on coal and shale pore structure and surface roughness based on atomic force microscopy and image processing [J]. Fuel, 2019, 244: 78–90.
[197] Qian Y H, Humières D D, Lallemand P.Lattice BGK Models for Navier-Stokes Equation [J]. EPL (Europhysics Letters), 1992, 17 (6): 479.

[198] Guo Z, Zheng C, Shi B.Discrete lattice effects on the forcing term in the lattice Boltzmann method [J]. Phys Rev E, 2002, 65 (4): 046308.

[199] Chai Z, Guo Z, Zheng L, et al.Lattice Boltzmann simulation of surface roughness effect on gaseous flow in a microchannel [J]. J Appl Phys, 2008, 104 (1): 014902.

[200] Verhaeghe F, Luo L-S, Blanpain B.Lattice Boltzmann modeling of microchannel flow in slip flow regime [J]. J Comput Phys, 2009, 228 (1): 147–157.

[201] Zhenhua C, Baochang S, Zhaoli G, et al.Gas Flow Through Square Arrays of Circular Cylinders with Klinkenberg Effect: a Lattice Boltzmann Study [J]. Communications in Computational Physics, 2010, 8 (5): 1052–1073.

[202] He X, Zou Q, Luo L-S, et al.Analytic solutions of simple flows and analysis of nonslip boundary conditions for the lattice Boltzmann BGK model [J]. J Stat Phys, 1997, 87 (1–2): 115–136.

[203] Zou Q, He X.On pressure and velocity boundary conditions for the lattice Boltzmann BGK model [J]. Phys Fluids, 1997, 9 (6): 1591–1598.

[204] Celebi A T, Nguyen C T, Hartkamp R, et al.The role of water models on the prediction of slip length of water in graphene nanochannels [J]. The Journal of chemical physics, 2019, 151 (17): 174705.

[205] Kumar Kannam S, Todd B, Hansen J S, et al.Slip length of water on graphene: Limitations of non-equilibrium molecular dynamics simulations [J]. The Journal of chemical physics, 2012, 136 (2): 024705.

[206] Ghorbanian J, Celebi A T, Beskok A.A phenomenological continuum model for force-driven nano-channel liquid flows [J]. The Journal of Chemical Physics, 2016, 145 (18): 184109.

[207] Bhadauria R, Sanghi T, Aluru N R.Interfacial friction based quasi-continuum hydrodynamical model for nanofluidic transport of water [J]. The Journal of Chemical Physics, 2015, 143 (17): 174702.

[208] Schrader M E, Yariv S.Wettability of clay minerals [J]. J Colloid Interface Sci, 1990, 136 (1): 85–94.

[209] Siddiqui M a Q, Ali S, Fei H, et al.Current understanding of shale wettability: A review on contact angle measurements [J]. Earth-Science Reviews, 2018, 181: 1–11.

[210] Zhang C, Chen Y, Deng Z, et al.Role of rough surface topography on gas slip flow in microchannels [J]. Phys Rev E, 2012, 86 (1): 016319.
[211] Zhang T, Li X, Wang X, et al.Modelling the water transport behavior in organic-rich nanoporous shale with generalized lattice Boltzmann method [J]. Int J Heat Mass Transfer, 2018, 127: 123–134.
[212] Zhang Q, Su Y, Wang W, et al.Apparent permeability for liquid transport in nanopores of shale reservoirs: coupling flow enhancement and near wall flow [J]. Int J Heat Mass Transfer, 2017, 115: 224–234.
[213] Jin Y, Dong J, Zhang X, et al.Scale and size effects on fluid flow through self-affine rough fractures [J]. Int J Heat Mass Transfer, 2017, 105: 443–451.
[214] Akai T, Blunt M J, Bijeljic B.Pore-scale numerical simulation of low salinity water flooding using the lattice Boltzmann method [J]. J Colloid Interface Sci, 2020, 566: 444–453.
[215] Zhang W, Yao J, Sun H.Electrokinetic coupling in single phase flow in periodically changed capillary with a very small throat size [J]. Int J Heat Mass Transfer, 2015, 84: 722–728.
[216] Celebi A T, Beskok A.Molecular and Continuum Transport Perspectives on Electroosmotic Slip Flows [J]. The Journal of Physical Chemistry C, 2018, 122 (17): 9699–9709.
[217] Joly L, Ybert C, Trizac E, et al.Hydrodynamics within the electric double layer on slipping surfaces [J]. Phys Rev Lett, 2004, 93 (25): 257805.
[218] Van Der Spoel D, Van Maaren P J, Berendsen H J.A systematic study of water models for molecular simulation: derivation of water models optimized for use with a reaction field [J]. The Journal of Chemical Physics, 1998, 108 (24): 10220–10230.
[219] Freund J B.Electro-osmosis in a nanometer-scale channel studied by atomistic simulation [J]. The Journal of Chemical Physics, 2002, 116 (5): 2194–2200.
[220] Qiao R, Aluru N R.Ion concentrations and velocity profiles in nanochannel electroosmotic flows [J]. The Journal of Chemical Physics, 2003, 118 (10): 4692–4701.
[221] Qiao R, Aluru N R.Multiscale simulation of electroosmotic transport using embedding techniques [J]. International Journal for Multiscale Computational

Engineering, 2004, 2 (2): 173–188.
[222] Celebi A T, Barisik M, Beskok A.Surface charge-dependent transport of water in graphene nano-channels [J]. Microfluidics and Nanofluidics, 2018, 22 (1): 7.
[223] Lyklema J, Overbeek J T G.On the interpretation of electrokinetic potentials [J]. Journal of Colloid Science, 1961, 16 (5): 501–512.
[224] Bazant M Z, Kilic M S, Storey B D, et al.Nonlinear electrokinetics at large voltages [J]. New Journal of Physics, 2009, 11 (7): 075016.
[225] Bazant M Z, Kilic M S, Storey B D, et al.Towards an understanding of induced-charge electrokinetics at large applied voltages in concentrated solutions [J]. Adv Colloid Interface Sci, 2009, 152 (1–2): 48–88.
[226] Rice C, Whitehead R.Electrokinetic flow in a narrow cylindrical capillary [J]. The Journal of Physical Chemistry, 1965, 69 (11): 4017–4024.
[227] Ban H, Lin B, Song Z.Effect of electrical double layer on electric conductivity and pressure drop in a pressure-driven microchannel flow [J]. Biomicrofluidics, 2010, 4 (1): 014104.
[228] Lu C, Wang J, Sun Z.An experimental study on starting pressure gradient of fluids flow in low permeability sandstone porous media [J]. Petroleum Exploration and Development, 2002, 29 (2): 86–89.
[229] Li D.Electro-viscous effects on pressure-driven liquid flow in microchannels [J]. Colloids and Surfaces A: Physicochemical and Engineering Aspects, 2001, 195 (1–3): 35–57.
[230] Hsu W-L, Harvie D J, Davidson M R, et al.Viscoelectric effects in nanochannel electrokinetics [J]. The Journal of Physical Chemistry C, 2017, 121 (37): 20517–20523.
[231] Qiao R, Aluru N R.Scaling of electrokinetic transport in nanometer channels [J]. Langmuir, 2005, 21 (19): 8972–8977.
[232] Rezaei M, Azimian A, Semiromi D T.The surface charge density effect on the electro-osmotic flow in a nanochannel: a molecular dynamics study [J]. Heat Mass Transfer, 2015, 51 (5): 661–670.
[233] Ahmadi M, Habibi A, Pourafshary P, et al.Zeta-potential investigation and experimental study of nanoparticles deposited on rock surface to reduce fines migration [J]. SPE J, 2013, 18 (3): 534–544.

[234] Mahani H, Keya A L, Berg S, et al.Electrokinetics of carbonate/brine interface in low-salinity waterflooding: Effect of brine salinity, composition, rock type, and pH on ζ -potential and a surface-complexation model [J]. SPE J, 2017, 22 (1): 53–68.

[235] Qiao R, Aluru N R.Atomistic simulation of KCl transport in charged silicon nanochannels: Interfacial effects [J]. Colloids and Surfaces A: Physicochemical and Engineering Aspects, 2005, 267 (1–3): 103–109.

[236] Jiang J, Sandler S I.A new model for the viscosity of electrolyte solutions [J]. Industrial & engineering chemistry research, 2003, 42 (25): 6267–6272.

[237] Macías-Salinas R.A viscosity model for ionic liquids based on the Eyring's theory and a cubic EoS [J]. J Mol Liq, 2018, 262: 161–174.

[238] Joly L, Ybert C, Trizac E, et al.Liquid friction on charged surfaces: From hydrodynamic slippage to electrokinetics [J]. The Journal of Chemical Physics, 2006, 125 (20): 204716.

[239] Atkins P W, De Paula J, Keeler J. Atkins' physical chemistry [M]. Oxford: Oxford university press,2018.

[240] Chilingar G V, El-Nassir A, Stevens R G.Effect of direct electrical current on permeability of sandstone cores [J]. Journal of Petroleum Technology, 1970, 22 (7): 830–836.

[241] Fathi S J, Austad T, Strand S.Water-based enhanced oil recovery (EOR) by "smart water" : Optimal ionic composition for EOR in carbonates [J]. Energy Fuels, 2011, 25 (11): 5173–5179.

[242] Zhang W, Ning Z, Zhang B, et al.Experimental investigation of driving brine water for enhanced oil recovery in tight sandstones by DC voltage [J]. J Petrol Sci Eng, 2019.

[243] Diwu P, Liu T, You Z, et al.Effect of low velocity non-Darcy flow on pressure response in shale and tight oil reservoirs [J]. Fuel, 2018, 216: 398–406.

[244] Dejam M, Hassanzadeh H, Chen Z.Pre - Darcy Flow in Porous Media [J]. Water Resour Res, 2017, 53 (10): 8187–8210.

[245] Chakraborty S, Chatterjee D, Bakli C.Nonlinear amplification in electrokinetic pumping in nanochannels in the presence of hydrophobic interactions [J]. Phys Rev Lett, 2013, 110 (18): 184503.

[246] Cottin-Bizonne C, Steinberger A, Cross B, et al.Nanohydrodynamics: The intrinsic flow boundary condition on smooth surfaces [J]. Langmuir, 2008, 24 (4): 1165–1172.
[247] Pan Y, Bhushan B.Role of surface charge on boundary slip in fluid flow [J]. Colloid Interface Sci, 2013, 392: 117–121.
[248] Austad T, Rezaeidoust A, Puntervold T. Chemical Mechanism of Low Salinity Water Flooding in Sandstone Reservoirs [C]. SPE Improved Oil Recovery Symposium, 2010.
[249] Wu K, Chen Z, Li J, et al.Nanoconfinement effect on n-alkane flow [J]. The Journal of Physical Chemistry C, 2019, 123 (26): 16456–16461.
[250] Lei Z, Lai L, Sun Z, et al.Comprehensive Model for Oil Transport Behavior in Nanopores: Interactions between Oil and Pore Surface [J]. Industrial & Engineering Chemistry Research, 2020, 59 (46): 20527–20538.
[251] Rabbani H S, Or D, Liu Y, et al.Suppressing viscous fingering in structured porous media [J]. Proceedings of the National Academy of Sciences, 2018, 115 (19): 4833–4838.
[252] Reis T, Phillips T N.Lattice Boltzmann model for simulating immiscible two-phase flows [J]. J Phys A Math, 2007, 40 (14): 4033.
[253] Liu H, Valocchi A J, Kang Q.Three-dimensional lattice Boltzmann model for immiscible two-phase flow simulations [J]. Phys Rev E, 2012, 85 (4): 046309.
[254] Lallemand P, Luo L-S.Theory of the lattice Boltzmann method: Dispersion, dissipation, isotropy, Galilean invariance, and stability [J]. Phys Rev E, 2000, 61 (6): 6546–6562.
[255] Lishchuk S, Care C, Halliday I.Lattice Boltzmann algorithm for surface tension with greatly reduced microcurrents [J]. Phys Rev E, 2003, 67 (3): 036701.
[256] Brackbill J U, Kothe D B, Zemach C.A continuum method for modeling surface tension [J]. J Comput Phys, 1992, 100 (2): 335–354.
[257] Latva-Kokko M, Rothman D H.Diffusion properties of gradient-based lattice Boltzmann models of immiscible fluids [J]. Phys Rev E, 2005, 71 (5): 056702.
[258] Leclaire S, Abahri K, Belarbi R, et al.Modeling of static contact angles with curved boundaries using a multiphase lattice Boltzmann method with variable density and viscosity ratios [J]. Int J Numer Methods Fluids, 2016, 82 (8): 451–470.

[259] Latva-Kokko M, Rothman D H.Static contact angle in lattice Boltzmann models of immiscible fluids [J]. Phys Rev E, 2005, 72 (4): 046701.
[260] Xu Z, Liu H, Valocchi A J.Lattice Boltzmann simulation of immiscible two - phase flow with capillary valve effect in porous media [J]. Water Resour Res, 2017, 53 (5): 3770–3790.
[261] Akai T, Bijeljic B, Blunt M J.Wetting boundary condition for the color-gradient lattice Boltzmann method: Validation with analytical and experimental data [J]. Adv Water Resour, 2018, 116: 56–66.
[262] Yu Y, Liu H, Zhang Y, et al.Color-gradient lattice Boltzmann modeling of immiscible two-phase flows on partially wetting surfaces [J]. Proc Inst Mech Eng C J Mech Eng Sci, 2018, 232 (3): 416–430.
[263] Huang J, Xiao F, Yin X.Lattice Boltzmann simulation of pressure-driven two-phase flows in capillary tube and porous medium [J]. Comput Fluids, 2017, 155: 134–145.
[264] Wang Z, Chauhan K, Pereira J-M, et al.Disorder characterization of porous media and its effect on fluid displacement [J]. Physical Review Fluids, 2019, 4 (3): 034305.
[265] Zhao B, Macminn C W, Juanes R.Wettability control on multiphase flow in patterned microfluidics [J]. Proceedings of the National Academy of Sciences, 2016, 113 (37): 10251–10256.
[266] Moebius F, Or D.Inertial forces affect fluid front displacement dynamics in a pore-throat network model [J]. Phys Rev E, 2014, 90 (2): 023019.
[267] Ferrari A, Lunati I.Inertial effects during irreversible meniscus reconfiguration in angular pores [J]. Adv Water Resour, 2014, 74: 1–13.
[268] Chen Y, Valocchi A J, Kang Q, et al.Inertial effects during the process of supercritical CO_2 displacing brine in a sandstone: Lattice Boltzmann simulations based on the continuum-surface-force and geometrical wetting models [J]. Water Resour Res, 2019, 55 (12): 11144–11165.
[269] Bourbiaux B J, Kalaydjian F J.Experimental Study of Cocurrent and Countercurrent Flows in Natural Porous Media [J]. SPE Reserv Eng, 1990, 5 (3): 361–368.
[270] Holtzman R, Segre E.Wettability Stabilizes Fluid Invasion into Porous Media

via Nonlocal, Cooperative Pore Filling [J]. Phys Rev Lett, 2015, 115 (16): 164501.

[271] Hu R, Wu D S, Yang Z, et al.Energy conversion reveals regime transition of imbibition in a rough fracture [J]. Geophys Res Lett, 2018, 45 (17): 8993–9002.

[272] Liu H, Valocchi A J, Werth C, et al.Pore-scale simulation of liquid CO_2 displacement of water using a two-phase lattice Boltzmann model [J]. Adv Water Resour, 2014, 73: 144–158.

[273] Lan T, Hu R, Yang Z, et al.Transitions of fluid invasion patterns in porous media [J]. Geophys Res Lett, 2020, 47 (20): e2020GL089682.

[274] Meng Q, Cai J, Wang J.Scaling of countercurrent imbibition in 2D matrix blocks with different boundary conditions [J]. SPE J, 2019, 24 (3): 1179–1191.

[275] Walls P L, Dequidt G, Bird J C.Capillary displacement of viscous liquids [J]. Langmuir, 2016, 32 (13): 3186–3190.

[276] Babadagli T.Temperature effect on heavy-oil recovery by imbibition in fractured reservoirs [J]. J Petrol Sci Eng, 1996, 14 (3–4): 197–208.

[277] Hamidpour E, Mirzaei-Paiaman A, Masihi M, et al.Experimental study of some important factors on nonwetting phase recovery by cocurrent spontaneous imbibition [J]. J Nat Gas Sci Eng, 2015, 27: 1213–1228.